Société des Etudes Locales

DANS L'ENSEIGNEMENT PUBLIC

Fondée le 28 Mai 1911

41, Rue Gay-Lussac — PARIS (5e)

LE VELAY

ET LA

Région de Brioude

CHOIX DE LECTURES
HISTORIQUES ET GÉOGRAPHIQUES

PAR

L. DOUPY
Professeur de Classe Elémentaire
au Lycée du Puy

E. LOCUSSOL
Professeur d'Histoire et de Géographie
au Lycée du Puy

PRIX : 30 CENTIMES

LE PUY

IMPRIMERIE GÉNÉRALE DU CENTRE

16, Rue des Capucins, 16

1913

Société des Etudes Locales

DANS L'ENSEIGNEMENT PUBLIC

Fondée le 28 Mai 1911

41, Rue Gay-Lussac — PARIS (5ᵉ)

LE VELAY

ET LA

Région de Brioude

CHOIX DE LECTURES

HISTORIQUES ET GÉOGRAPHIQUES

PAR

L. DOUPY   **E. LOCUSSOL**

Professeur de Classe Elémentaire   Professeur d'Histoire et de Géographie

au Lycée du Puy   au Lycée du Puy

PRIX : 30 CENTIMES

LE PUY

IMPRIMERIE GÉNÉRALE DU CENTRE

16, Rue des Capucins, 16

1913

Société des Etudes Locales

DANS L'ENSEIGNEMENT PUBLIC

Fondée le 28 Mai 1911

41, Rue Gay-Lussac — PARIS (5e)

LE VELAY

ET LA

Région de Brioude

CHOIX DE LECTURES

HISTORIQUES ET GÉOGRAPHIQUES

PAR

L. DOUPY

Professeur de Classe Élémentaire
au Lycée du Puy

E. LOCUSSOL

Professeur d'Histoire et de Géographie
au Lycée du Puy

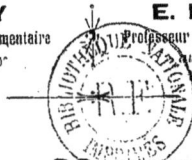

PRIX : 30 CENTIMES

LE PUY

IMPRIMERIE GÉNÉRALE DU CENTRE

16, Rue des Capucins, 16

1913

GROUPE DE LA HAUTE-LOIRE

Fondé le 25 mai 1912

BUREAU

Président : M. MATTE, Inspecteur d'Académie.

Vice-Président : M. JACOTIN, Archiviste Départemental.

Secrétaire : M. LOCUSSOL, Professeur d'Histoire au Lycée du Puy.

Trésorier : M. J. VIGIER, Directeur d'Ecole publique, au Puy.

Cotisation : 3 fr. par an

Réduite à **1 fr. 50** pour Mmes les Institutrices et MM. les Instituteurs

N. B. — Pour le programme et les statuts consulter le *Bulletin Scolaire* du département de la Haute-Loire (n° de juin 1912) p. 127 à 130.

Extrait des règlements adoptés par les Commissions

Tous les opuscules publiés par la Société... seront revêtus du visa d'un commissaire responsable.

Les bénéfices réalisés sur chacune des publications faites par un groupe local, après déduction du prix de revient, seront affectés à de nouvelles publications sur la région.

Chaque adhérent recevra gratuitement les publications relatives à sa région.

AVANT-PROPOS

Ce petit recueil a été fait pour l'enseignement.

Des instructions officielles ont appelé, à plusieurs reprises, l'attention des maîtres sur l'histoire et la géographie locales.

La circulaire ministérielle du 25 février 1911 (voir le *Bulletin Scolaire* de la Haute-Loire N° de mars 1911 p. 59) a signalé toute leur valeur éducative et montré en même temps quelle place peut leur être faite dans les classes :

« Il importe surtout de mêler intimement l'enseignement de la géographie et de l'histoire locales à celui de la géographie et de l'histoire nationales en puisant le plus possible les exemples dans le milieu même où les élèves résident, qu'ils connaissent et qu'ils aiment ».

Ce sont surtout des « exemples » que nous avons rassemblés. Nous avons voulu qu'ils puissent tout à la fois être rattachés facilement aux leçons du programme, être expliqués à des élèves et se recommander par une incontestable valeur scientifique et littéraire. C'est dire assez les raisons qui ont guidé et limité notre choix.

Un commentaire nous eût tentés. Nous avons préféré nous en remettre au savoir pédagogique des maîtres pour utiliser ces textes au mieux de leur enseignement.

Nous espérons que les instituteurs voudront bien les lire, les faire lire et les expliquer à leurs élèves et contribuer ainsi au succès de l'œuvre entreprise par la Société des Etudes Locales.

I. HISTOIRE

César dans le Velay en février 52 avant J.-C

Alors César quitta le Languedoc, rejoignit les troupes qui stationnaient dans le Vivarais et, par la vallée de l'Ardèche, commença l'ascension des Cévennes. Personne ne l'attendait de ce côté : il n'eut à lutter que contre la nature. Au col du Pal, cette lutte fut terrible. Les soldats durent, à travers six pieds de neige, creuser leur chemin et celui de César. Mais, le périlleux passage déblayé, on arriva dans les champs du Velay, on était chez l'ennemi, et le pillage commença. — A cette nouvelle les Arvernes supplièrent Vercingétorix de les emmener à la défense de leurs biens. Le chef semble avoir d'abord refusé : que le proconsul restât dans le bassin du Puy ou de Brioude, il n'y ferait que perdre son temps à des marches sans issue. Mais l'Arverne dut céder à la fin, ce que César avait prévu, et il fit faire à ses hommes volte-face vers le Sud, renonçant à Labienus.

Aussitôt, César quitta sa petite armée qu'il confia à Brutus. A marches forcées, il courut à Vienne (1).

CAMILLE JULLIAN

Histoire de la Gaule, tome III Hachette Paris 1909 p. 430.

La Capitale des Vellaves

... Anciens clients des Arvernes..., entraînés encore dans leur orbite, bien que politiquement indépendants, les Vellaves eurent d'abord pour centre la ville d'*Anicium* (Le Puy),

---

(1) Il avait trop peu d'hommes pour combattre. Il déclara qu'il reviendrait dans les trois jours, le temps d'aller chercher des renforts à Vienne (Note de l'auteur).

que nous voyons dès la fin du 1ᵉʳ siècle dotée du privilège colonial. C'est là qu'on a trouvé les principales inscriptions avec les débris d'un temple qui était certainement un des plus importants de la région. Anicium fut supplanté au IIIᵉ siècle par la ville de *Ruessium*, aujourd'hui le village de Saint-Paulien, dans la haute vallée de la Borne. C'est seulement au VIᵉ siècle que la capitale évincée reprit le dessus et se substitua définitivement à sa rivale.

G. BLOCH.

Les origines. La Gaule indépendante et la Gaule romaine. Histoire de France de Lavisse, tome I, II, Hachette p. 362.

Résistance du Paganisme au Christianisme

Bien des faits prouvent la résistance tenace des anciens cultes. A Brioude, non loin du tombeau et de la chapelle de Saint-Julien, s'élevait encore un temple, et sur une colonne se dressaient les statues de Mars et de Mercure. Les païens y célébraient leurs fêtes. Une tempête soudaine les décida à se convertir et à briser leurs idoles. Le culte de Mercure eut d'autant plus de vitalité qu'il s'identifiait avec celui du dieu gaulois Lug. Pour le supplanter on installa à sa place des saints chrétiens dont la légende, par quelques traits, rappelait la sienne : Saint Michel ou Saint Georges terrassant le dragon se substituèrent à Lug terrassant le serpent à tête de bélier.

C. BAYET

Le Christianisme, les Barbares — Mérovingiens et Carolingiens. Histoire de France de Lavisse, tome II, 1, Hachette Paris, p. 17.

Adhémar de Monteil, légat du Saint Siège à la première Croisade

Urbain II résolut de passer en France afin d'y tenir un concile... Il traversait les Alpes dans le courant de juillet et le 15 août (1095) il était reçu au Puy par l'évêque Adhémar de Monteil et, après avoir hésité entre plusieurs endroits,

Vézelay ou Le Puy, il se décida à convoquer un concile à Clermont pour l'octave de la Saint-Martin (18 novembre)...

Le 27 novembre, le concile terminé, le pape s'adressa lui-même à la foule des clercs et des chevaliers et l'exhorta à prendre les armes pour aller délivrer le Saint-Sépulcre et les chrétiens d'Orient. Ses paroles soulevèrent l'enthousiasme des fidèles qui, aux cris de « Dieu le veut ! » se précipitèrent vers lui pour le prier de consacrer leur vœu d'aller en Palestine; Adhémar de Monteil, un des premiers, s'agenouilla devant le pape et prit cet engagement; plusieurs milliers de chevaliers suivirent cet exemple, et tous fixèrent sur leur épaule une croix d'étoffe rouge qui fut désormais le signe de la croisade...

L'évêque du Puy, Adhémar de Monteil, qui avait déjà fait le pélerinage de Jérusalem, fut désigné par Urbain II pour être le légat du Saint-Siège et son représentant à la croisade (1).

LOUIS BRÉHIER.

L'Église et l'Orient au Moyen-Age. Les Croisades.
Librairie V. Lecoffre, J. Gabalda et Cⁱᵉ.
Troisième édition 1911, Paris, p. 62-64.

La lutte contre les routiers

La Confrérie des Chaperons Blancs

... Presque toujours les crimes des routiers restaient impunis, la Noblesse étant complice ou n'osant pas agir. Le mal ne cessait pas de s'étendre...

En 1182, dans la France centrale, de l'excès de calamité et de désespoir sortit un soulèvement immense, un effort simultané des riches et des pauvres, des nobles et des vilains, pour organiser une force militaire et détruire le brigandage.

Le point de départ est, comme dans toutes les grandes crises de cette nature, une vision céleste. La Vierge apparaît à un charpentier du Pui-en-Velai, nommé Durand Dujardin. Elle lui montre une image qui la représente tenant le Christ sur les bras, avec cette inscription :

Agnus Dei qui tollis peccata mundi, dona nobis pacem.

---

(1) Adhémar partit avec les Français du Midi ayant à leur tête Raimond de Saint-Gilles, comte de Toulouse. Il mourut de la peste à Antioche (1098).

Elle lui ordonne d'aller trouver l'évêque du Pui et de réunir en confrérie tous ceux qui veulent le maintien de la paix. Au xie siècle, les évêques avaient institué les associations de la paix de Dieu ; mais, avec le temps, et par l'effet d'une mauvaise organisation, la plupart de ces ligues s'étaient dissoutes. Ici ce n'est plus la paix de Dieu, mais la paix de Marie, la grande divinité du Pui, la patronne de la cathédrale devant laquelle défilaient les pèlerins.

La confrérie du charpentier, avec une rapidité merveilleuse, s'étend aux pays voisins et bientôt à beaucoup de provinces de la France centrale et méridionale. En quelques mois, de la fin de décembre 1182 à avril 1183, l'armée de la paix est organisée dans chaque région.

Les confrères portaient un petit capuchon de toile ou de laine blanche (d'où leur nom de « Capuchonnés », *Capuciati*, ou de « Chaperons blancs ») où étaient rattachées deux bandes de même étoffe tombant l'une sur le dos, l'autre sur la poitrine... Sur la bande de devant était fixée une plaque d'étain représentant la Vierge et l'enfant, avec les mots *Agnus Dei*. Les associés payaient, à chaque fête de la Pentecôte, une cotisation. Ils juraient d'aller à confesse, de ne pas jouer, de ne pas blasphémer, de ne pas fréquenter les tavernes, de ne porter ni vêtements efféminés ni poignards. C'était par la foi, la discipline et la bonne conduite qu'ils devaient mériter de Dieu la victoire...

Le mouvement engloba les hauts barons, les évêques, les abbés, les moines, les simples clercs, les bourgeois, les paysans, même les femmes. Des confréries, analogues à celles du Velai, se constituèrent dans l'Auvergne, le Berri, l'Aquitaine, la Gascogne, la Provence.

A. LUCHAIRE.
Louis VII, Philippe-Auguste et Louis VIII.
Histoire de France de Lavisse,
Hachette, Paris, tome III, 1, pp. 301-302.

Exhortation à la Croisade par un Troubadour Vellave

Heureux celui qui prend la croix. Le plus honoré, le plus vaillant même, ne sera, s'il demeure, qu'un lâche méprisable ; le plus vil, en partant, devient, au contraire, franc et courtois ; rien ne lui manquera ; il sera absous de ses fautes passées......

Il ne suffit plus de se raser la tête et de subir les austérités de la vie du cloître. Dieu guide ceux qui iront le venger des outrages des Turcs. Tous les autres outrages sont vains auprès de ceux-là.....

Que le roi des Français (1) et le roi anglais (2) fassent la paix. Dieu honorera celui qui la proposera le premier et le couronnera dans le ciel. Que le roi de la Pouille (3) et l'Empereur (4) deviennent aussi amis et frère jusqu'à ce que le saint Tombeau soit recouvré. Ce qu'ils se pardonneront ici leur sera pardonné là-bas, où aura lieu le dernier jugement.

PONS DE CAPDEUIL (5).

Cité par C. FABRE. *Trois Troubadours vellave*, Le Puy, Marchessou, 1903, p. 29.

Eloge de Raymond VI, comte de Toulouse
Protestation contre la croisade des Albigeois

Comte Raymond (VI), duc de Narbonne, marquis de Provence, votre valeur est si bonne qu'elle charme le monde entier. Depuis la mer de Bayonne jusqu'à Valence s'installera une gent fausse et félone, de mœurs viles. Mais vous la tenez pour vile, car les Français buveurs ne vous font pas plus de peur qu'une perdrix à un autour. (1)
. . . .

Ni l'archevêque de Narbonne, ni le roi (2) n'ont assez d'intelligence pour faire un homme de mérite d'un misérable. On peut distribuer de l'or, de l'argent, des vêtements, du vin

---

(1) Philippe-Auguste.
(2) Jean-Sans-Terre.
(3) Frédéric de Sicile (plus tard l'empereur Frédéric II).
(4) Othon IV.
(5) Né dans le Velay, mort probablement en Orient à la croisade de 1227. Ses trois chants de croisade faits entre 1211 et 1214 poussent à la même croisade, celle qui, prêchée par Innocent III en 1211, ne devait pas aboutir.

Voir F. FABRE, *Le Troubadour, Pons de Capdeuil*, Le Puy, Marchessou, 1907.

---

(1) Extrait d'un poème de 1211 en l'honneur de Raymond VI.
(2) Pierre II d'Aragon (1196-1213).

et du blé, mais celui à qui Dieu la donne possède seul une belle âme (3).

. . . .

Savez vous quelle sera la part que le comte de Montfort retirera des guerres et des pillages ? (ce seront) les cris, les épouvantes, les injustices dont il est l'auteur, et je l'avertis que ce sera avec ces deuils et ces ravages qu'il reviendra du tournoi (lutte) (4).

Pierre CARDINAL (5).

traduit par M. C. FABRE.

Une Charte communale

Charte sur le rétablissement de la paix entre l'évêque et les citoyens du Puy

Philippe (1), par la grâce de Dieu, roi des Français, etc.... Qu'il soit notoire pour tous que le vif dissentiment qui divisait notre cher et fidèle parent, Robert, évêque, et les citoyens du Puy, a été, du consentement des parties, assoupi aux conditions suivantes :

1º Si quelque contribution doit être levée, soit pour nous, soit dans l'intérêt de la cité (pourvu que ce ne soit pour faire la guerre à notre personne ou à l'église du Puy), les citoyens auront le droit de l'établir. — Toutefois, si l'évêque ou nous-même voulons connaître le montant de ces contributions, les citoyens ne pourront nous le laisser ignorer. La sincérité du chiffre nous sera certifiée par serment par les préposés à la perception, lesquels ne devront lever plus forte somme, si ce n'est les dépenses accessoires.

2º L'évêque sera tenu d'envoyer un de ses agents pour la

_____

(3) Extrait d'un poème de 1211. En janvier 1211 l'archevêque de Narbonne et le roi d'Aragon avaient accepté l'hommage de Simon de Montfort pour Béziers, Carcassonne et l'Albigeois.

(4) Extrait d'un poème de 1249 écrit contre Amaury de Montfort, fils de Simon de Montfort.

(5) Troubadour né au Puy vers 1180, mort centenaire.

M. Fabre a bien voulu traduire et annoter pour le présent recueil les fragments cités de P. Cardinal.

_____

(1) Philippe-Auguste.

levée de l'impôt, s'il en est requis ; et si, après en avoir été requis, lui ou son mandataire (dans le cas où il serait absent), ne voulait envoyer cet agent, les citoyens du Puy, pour l'y contraindre, pourront se pourvoir par-devant nous ou par-devant notre bailli d'Auvergne.

3° Les citoyens du Puy ont le droit d'avoir un sceau pour sceller les lettres officielles qu'ils écrivent à notre seigneur le Pape, à nous-même ou à tous autres, dans l'intérêt commun de leur ville, et aussi pour sceller les contrats relatifs aux affaires de la cité. Mais ils ne peuvent en faire usage dans aucun acte qui serait hostile à nos intérêts et à ceux de l'évêque.

4° Les citoyens du Puy, qui ont des propriétés dans l'inté- rieur de la cité, continueront à jouir paisiblement et avec sécurité de ces propriétés comme eux ou les leurs en jouis- sent depuis quarante ans.

5° Les citoyens du Puy devront fournir à l'évêque des secours en hommes et en chevaux pour la défense et pour l'attaque des châteaux qu'il tient de nous.

6° Les citoyens du Puy sont soumis à la même obligation envers l'évêque, quand il s'agira de marcher contre les voleurs de grands chemins et contre ceux qui attaquent les églises et les maisons religieuses, lorsque les citoyens qui auront juré la paix marcheront avec eux ; — et dans le cas où ces derniers ne consentiraient pas à s'armer, ou si la pré- sente paix venait à n'être point jurée, l'évêque aurait recours à la bonne foi de tous ceux qui doivent lui fournir des hom- mes et des chevaux, sans pouvoir néanmoins convertir ce service personnel en argent, et il marcherait à l'aide de cette levée contre les voleurs de grands chemins et les brigands qui dépouillent les églises et les maisons reli- gieuses.

7° Les citoyens ne pourront se refuser à ce service ; — dans le cas où ils se trouveraient momentanément dans l'impossibilité de le remplir, ils seront tenus de fournir indi- viduellement un remplaçant convenable ; et s'il n'ont point eu le soin de se faire remplacer, ils seront frappés d'une amende suivant la loi commune du pays.

8° De son côté l'évêque doit veiller loyalement à la sécurité des citoyens et de leurs propriétés, partout où s'étend son autorité et partout où il marche à leur tête.

9° Les citoyens sont tenus de détruire les forts, les défenses, les murs, les clôtures et les fossés établis entre le cloître et la ville pendant la guerre, en ayant soin toutefois de ne porter aucun dommage aux maisons. — Ils devront également faire disparaître les meurtrières ouvertes nouvellement à l'occasion de la guerre.

10° Il ne sera permis à personne de crier aux armes contre les officiers de l'évêque dans l'exercice de leurs fonctions ; celui qui sera convaincu de l'avoir fait, sera mis à l'amende par jugement de la cour épiscopale.

11° Si, pour un méfait quelconque, l'évêque a traduit devant son tribunal un ou plusieurs citoyens, voire même la cité entière, tous devront comparaître, et l'évêque fera connaître les causes de la citation selon les coutumes observées jusqu'à ce jour. — S'il ne donne pas préalablement connaissance de ses griefs, les citoyens pourront se pourvoir devant nous, et alors l'évêque devra surseoir au jugement et s'en référer à notre justice sur tout ce qui touche à notre autorité.

12° Les citoyens du Puy ne peuvent faire ni conjurations ni conspirations, ni assemblées, soit contre nous, soit contre l'évêque ou contre l'église du Puy, tant que l'évêque et l'église rempliront leur devoir envers nous.

13° Si un voleur, un meurtrier, un malfaiteur ou un homicide se cache dans le cloître, les citoyens du Puy pourront en donner avis à l'évêque ou à son bailli, afin qu'il soit arrêté à la sortie de l'église ou du cloître. — Si l'évêque ou son bailli se refuse à cette exécution, les citoyens pourront eux-mêmes arrêter le coupable à la sortie du cloître ou du lieu saint, pour être traduit devant l'évêque ou son bailli, qui le jugeront. Quant à l'évêque, il a le pouvoir, ainsi que son bailli, de faire saisir un malfaiteur en quelque lieu que ce soit, si ce n'est dans une église, chose que ne peuvent faire non plus les citoyens.

14° Si quelques citoyens veulent se réunir et s'armer pour marcher au secours de leurs amis, ils en ont le droit, pourvu que ce ne soit, bien entendu, ni contre nous, ni contre l'évêque, ni contre l'église du Puy.

15° Que toutes les prescriptions contenues dans le présent traité soient exécutées de bonne foi par chaque partie, et soient perpétuellement observées, sauf en toutes choses notre droit, les appels à porter devant nous, et les privilèges accordés par nous ou nos prédécesseurs à l'évêque et à l'église du Puy.

Et pour que ce soit ferme à toujours... etc., l'avons signé. Fait à Vernon, l'an du Seigneur 1218, au mois de mars... »

*Ici, tous les noms de ceux qui ont juré la paix et qui se
sont offerts pour caution, chacun à raison de 70 marcs :*
Guillaume du Puy, Hugues de la Chaise-Dieu, Etienne
Bunus, Robert Bertrand, Pierre Benoit, Dalmas Rossill,
Mausac, Guillaume Boillo, Jean de Bonnefont et Jean.

Document traduit et cité par MANDET.
Histoire du Velay, tome IV,
Marchessou, Le Puy 1861, pp. 47-51.

L'Influence Monarchique dans le Velay au Moyen-Age

..... Jusqu'au traité de paix signé, le 12 avril 1229, entre
Louis IX et Raymond VII, comte de Toulouse, par lequel ce
dernier céda à la France tous ses droits sur le comté
de Velay, on peut dire que l'influence monarchique y fut
bien plus nominale que réelle.

L'annexion du Velay à la couronne mit fin aux luttes san-
glantes et séculaires dans lesquelles les vicomtes de Polignac
et les évêques du Puy se disputèrent, avec une égale ardeur,
la suprématie du pouvoir temporel. La royauté encourageait
du reste ouvertement les efforts de l'Eglise contre la noblesse
féodale, car cette habile tactique, tout en ménageant les
faibles forces dont elle pouvait disposer, devait naturelle-
ment favoriser les idées d'autonomie et d'agrandissement
du domaine royal.

Philippe le Bel fut le premier à tirer parti de cette situa-
tion, en obtenant en 1307 de l'évêque Jean de Commines
d'être associé à l'administration de la ville du Puy, moyennant une faible indemnité pécuniaire, assignée sur la ville
d'Anduze en Languedoc. A leur tour, Philippe V en 1321,
Philippe VI en 1343, et Charles V en 1360 réduisirent la cir-
conscription administrative et judiciaire du Velay au profit
de l'Auvergne et du Forez, sans que l'évêque du Puy, qui
pourtant se qualifiait du titre de comte de cette province du
Velay, ait formulé aucune protestation. L'unité monarchique
était fondée et, sous son autorité souveraine, nobles, prêtres
et vilains s'efforcèrent de concourir à son maintien et à son
développement, tout en sauvegardant de précieux privilèges,
grâce au fonctionnement régulier des Etats particuliers de la
province.

ANTOINE JACOTIN.

Dictionnaire topographique du département de la Haute-Loire
Imprimerie nationale, Paris 1907. Introduction p. 11.

Le tombeau de Du Guesclin au Puy

Le corps du connétable fut apporté au Puy ; on le déposa pendant un jour dans l'église des Dominicains, aujourd'hui la paroisse de Saint-Laurent. Du Guesclin avait demandé à être inhumé à Dinan, en Bretagne. On procéda à l'embaumement. Les intestins et autres parties retirées du corps furent enterrés dans cette même église des Dominicains où les restes mortels du vaillant Breton avaient été déposés. Les consuls du Puy lui firent faire, le 23 juillet, un service magnifique, dans lequel, dit un historien du Velay, deux cent cinquante torches brûlèrent durant toute la cérémonie. La bière était recouverte d'un drap d'or, bordé de noir et portant les armes du connétable...

On voit encore, dans une chapelle dédiée à sainte Anne, le tombeau qui renferme les entrailles de cet illustre chevalier. Il est représenté en ronde-bosse, couché, les mains jointes, et couvert de son armure, moins le casque, qu'on ne donnait qu'aux guerriers morts sur le champ de bataille...

On lit sur ce monument, d'ailleurs très simple, cette épitaphe qui ne l'est pas moins :

Cy gist honorable homme et vaillant messire Bertrand Claikin, comte de Longueville, jadis connétable de France, qui trépassa l'an MCCCLXXX, le XIII° jour de juillet.

G. Touchard-Lafosse.

La Loire historique, pittoresque et biographique
de la source de ce fleuve à son embouchure dans l'océan.
Lesesne, Tours, 1851, tome I, pp. 55-56.

Pourquoi la mère de Jeanne d'Arc vint en pèlerinage au Puy

La force du sentiment religieux chez Isabelle Romée nous est révélée par le pèlerinage qu'elle fit au Puy en mars 1429... Le fait est exactement contemporain du départ de Jeanne, du voyage de Chinon et de l'arrivée devant le roi : on ne saurait le détacher de ces évènements. Que la mère de Jeanne ait entrepris ce lointain et périlleux voyage au moment même où venait de partir sa fille, — qu'elle se soit rencontrée au Puy avec des émissaires de Jeanne, — qu'elle ait pu contribuer à décider frère Jean Pasquerel, lecteur au couvent des Augustins de Tours, également au Puy en ce moment, à suivre la Pucelle et à veiller sur elle, c'est là l'indice évident d'une réelle communauté de croyances... Un instinct pieux, le besoin d'un secours céleste à son angoisse de mère... n'ont-ils pas suffi pour mener cette paysanne de Lorraine aux pieds de la vierge noire du Puy, dans le temps même où sa fille allait affronter les plus graves périls ? Jeanne devait toute sa « croyance » à sa mère, et sa mère avait une dévotion décidée et entreprenante.

A. COVILLE.

Journal des Savants, Mai 1912, Hachette, Paris, pp. 194-196.

Le Pélerinage du Puy au XVᵉ siècle

En cette ville, dans le sanctuaire d'Anis, on gardait une image de la mère de Dieu, rapportée d'Egypte par Saint Louis et qui était ancienne et vénérable, car le prophète Jérémie l'avait taillée de ses mains dans du bois de sycomore, à la ressemblance de la vierge à naître qu'il avait vue en esprit. Durant la semaine sainte, les pélerins y affluaient de toutes les parties de la France et de l'Europe, seigneurs, clercs, gens d'armes, bourgeois et paysans, et beaucoup, par péni-tence ou pauvreté, cheminaient à pied, le bourdon à la main et mendiaient aux portes. Des marchands de toutes sortes s'y rendaient et c'était tout ensemble un des plus fréquentés pélerinages et une des plus riches foires du monde. Aux environs de la ville, les chemins ne suffisaient pas aux voyageurs qui envahissaient vignes, prés et jardins. En l'an 1407, le jour du pardon, deux cents personnes périrent étouffées.

ANATOLE FRANCE,

Vie de Jeanne d'Arc, tome I, 27ᵉ édition, Calmann-Lévy, Paris, pp. 254-255.

« La venue ou entrée du Roy François Iᵉʳ faite en la ville du Puy le vendredi 18 Juillet l'an 1523 »

Les Préparatifs

Or, ladite ville qui toujours a été bonne, entière et loyale à la noble Couronne de France, sentant le vouloir du Roy et sa venue être prochaine se mirent à marteler et exécuter les négoces et besognes concernant la réception dudit seigneur, tant en ornements et décorations de cette ville qu'en histoires, échafauds, bandes, livrées tant de gens à cheval qu'à pied, festons, armoiries, dictons, peintures, harnais, artillerie et force provision de mangeaille ; chacun se mit selon sa faculté, à son devoir.

. . . .

Le jeudi 17 juillet, le Roy coucha à Allègre et le lendemain, vendredi 18 dudit mois, vint dîner au château de Polignac, et environ quatre heures après-midi arriva au Puy.

Une Estrade à la Porte Pannessac

Le Roy entrant dans ledit boulevard, entre deux portes, trouva à sa main droite un échafaud bien tapissé et ordonné où il y avait douze petits garçons et douze petites filles, âgés le plus vieux de huit à neuf ans, accoutrés tous en bergers et bergères de fin taffetas de diverses couleurs, et qui dansaient joyeusement au son d'une « chevrette » et d'orgues dont jouait une de ces petites bergerettes, ayant houlettes, flageolets, panetières, arbres, feuillées, moutons et brebis : ce qui fut assez récréatif.,...

...Et le Roy voulant passer outre, lesdits bergers et bergerettes cessèrent de danser et se mirent à crier bien hautement : « Vive le Roy ! Vive le Roy ! »

Les Consuls reçoivent le Roi

Le Roy, entrant dans la ville, trouva les rues tendues par dessus de fines toiles blanches, à festons pendants sans nombre, liés autour des couleurs du Roy, et tournoyant au vent de chaque côté, où étaient les armes dudit seigneur et de messeigneurs ses enfants avec des FF couronnés et des salamandres ; et les portes des maisons étaient couvertes et décorées de nobles tapisseries.

Ici fut apprêté le poêle sous lequel se tenait à cheval monseigneur le Grand Ecuyer, portant l'épée d'armes du Roy pendant à une ceinture en écharpe, le tout semé de fleurs de lis d'or, et il disait que c'était à lui qu'il appartenait de se tenir sous ledit poêle jusqu'à ce que le Roy y entrerait : ce qu'il fit.

Et là, les seigneurs Consuls couvrirent le Roy dudit poêle qui était de fin velours cramoisi, à grandes armes de France, par dedans, au ciel dudit « poêle », de fine broderie d'or, avec l'Ordre, et autour des pendants, fleurs de lis de même et des FF couronnés, et les bâtons couverts et armés dudit velours jusqu'au bout.

Le cortège royal arrive à la Cathédrale

Le Roy, après, s'en monta jusque vers la porte Saint Jean, toujours les seigneurs Consuls portant le poêle où il trouva l'église en procession, revêtus de nobles chapes de drap d'or, tenant le circuit jusques à la maison de la Prévôté. Et là il descendit pour entrer dans l'église. Et, à l'entrée, il trouva un long dressoir bas, à beaux carrés de drap d'or, et là se mit à genoux, et le seigneur Doyen de céans lui donna l'eau bénite et à baiser la sainte croix...

Il entra en l'église, et par le chœur vint devant l'image de Notre Dame, et, là dedans, il trouva un lieu moult noblement ordonné, et par dessus un pavillon de drap d'or, et là fit son oraison Et, cependant, fut chanté le *Te Deum*. Lequel fini, il s'en sortit par la porte prochaine du revestoir et s'en entra en la maison de l'Evêché par la porte du Fort. Et cessèrent les cloches de sonner qui l'avaient tenu depuis les oratoires.

Or après que le roi se fut un peu rafraîchi, il fut temps de souper, et il soupa. Et messeigneurs le Dauphin et ses frères soupèrent au logis de monseigneur le Grand Maître, lequel était logé chez Monseigneur le bailli du Velay.

Les réjouissances populaires

Or, messeigneurs Consuls, pensant toujours comment ils pourraient faire quelque chose qui plût au Roy, après souper, firent dresser une verselé au Breulh, au plus haut de laquelle ils mirent les armes dudit seigneur avec le feston autour, et ils assirent autour de cette verselle un grand nombre de grosses farasses et ils y firent mettre le feu. Et encore, au milieu, ils firent dresser un bûcher de trois cents fagots de bois menu et y mirent le feu. Et là, autour vinrent hommes et femmes de la ville danser avec les trompettes. Et tantôt arrivèrent, au mandement desdits seigneurs consuls, toutes les bandes des métiers... portant chacun farasse ou torche, et là firent le limaçon parmi le Breuil. Et grand nombre de pièces d'artillerie y furent assignées, qui moult bien se firent ouïr. Et les canonniers firent tirer garrots et fusées volants par l'air de tous côtés : ce qui fut moult plaisant. Alors le Roy descendit, après souper, vers le logis de Monseigneur le Bailli, à bien petite compagnie, où il trouva gros banquet, et de là regarda au Breulh. Il vit tout ce qui était au Breulh, et de l'autre côté, grand nombre de farasses allumées vers Vals. Abausic, et autres villages, que, par commandement de monseigneur le Bailli, à la requête des seigneurs Consuls, il leur avait été commandé de garder jusqu'à ce que le Roy serait ici : ce qu'ils firent. A quoi le Roy prit grand plaisir, car le bruit et triomphe y était grand, car les trompettes du Breulh répondaient à celles qui étaient chez Monseigneur le Bailli, et par le contraire celles qui étaient chez Monseigneur le Bailli à celles qui étaient au Breulh ; et par tous côtés il y avait grand bruit et joyeusetés, ce qui dura plus de deux grandes heures. Et il se faisait heure tarde ; alors une partie des bandes, s'en alla donner un tour par la ville, les autres rentrèrent chez eux et les seigneurs en leur logis.

Le Départ

Le Roy s'en retournant, croyait aller dîner à Sereys ; le temps était indisposé ; quand ils furent proches des moulins de Coyac, la foudre tua un gentilhomme de sa cour et son cheval et une bonne femme de village qui se trouvait là pour voir passer ledit seigneur et son train.

ETIENNE MÉDICIS (1)

Chroniques publiées au nom de la Société Académique du Puy
par A. CHASSAING.
Marchessou. — Le Puy (1874), pp. 340 à 366.

Contre-coup de la Saint-Barthélemy au Puy

En 1572, le 24 septembre il fut fait un grand massacre et meurtre de Huguenots à la ville de Lyon, si terrible et presque incroyable.

Tout de même monseigneur du Puy, ayant été averti desdits massacres, craignant la fureur de ceux du Puy, fit venir tous les Huguenots dans sa maison épiscopale, où il leur fit entendre lesdits massacres et la volonté du roy ; tous

_____

(1) Chroniqueur né au Puy vers 1475, mort au Puy vers la fin de 1565.

ont fait confession de foi et protesté de vivre et de mourir à
la religion chrétienne catholique, apostolique et romaine.

D'après J. BUREL (1).

Mémoires publiés au nom de la Société Académique du Puy
par Augustin CHASSAING.

Un épisode des guerres de religion : Siège d'Espaly (1574)

Le soir de samedi venant au dimanche 10 janvier 1574,
Vital Guyard, bonnetier du Puy, fils d'un maréchal, comme
capitaine huguenot, accompagné d'un nommé Marfose avec
cent ou six vingt soldats... vinrent secrètement auprès de la
muraille d'Espaly et par une barbacane se saisirent de la
ville et du château, à la clarté de la lune.

La nouvelle fut portée par plusieurs hommes et femmes
sortis par la muraille, à la sentinelle qui était à la muraille
des Farges ; si bien que tout à l'heure les habitants de la
ville du Puy se mirent en armes pour aller au dit Espaly,
ce qui ne leur fut pas permis par messire Antoine de Sénec-
terre, évêque du Puy. Mais cependant ceux qui en avaient
le moyen portaient leurs meubles dans la ville pour les tenir
en sûreté. Et ledit jour de dimanche tout le monde des fau-
bourgs et ouvroirs travaillèrent à se renforcer pour leur
sûreté. Et audit jour les enfants du Puy allèrent reconnaître
les moyens et forces desdits huguenots. En quoi faisant, il y
fut tué Jacques Pompet, fournier, lesquelles escarmouches
durèrent longtemps. Il fut fait des matelas qu'on conduisit
sur les dix heures de nuit avec les pièces d'artillerie; et
grand nombre des habitants de la ville en armes, chacun
portant la croix blanche au chapeau, comme vrais chrétiens,
conduits par les capitaines isliers (1). Toutefois à cause de
l'injure du temps et de la pluie qui tomba toute la nuit, il
ne fut pour lors rien procédé : ce fut l'occasion que lesdits
Huguenots se renforcèrent par tranchées à l'entour des murailles dudit Espaly, tombèrent, abattirent et brûlèrent presque la moitié des maisons pour se rendre plus forts, ayant
mis en prison les pauvres paysans pour les rançonner, bien

(1/ Chroniqueur né au Puy vers 1540, mort au Puy le 1er décembre 1603.

(1) Capitaines des « isles » ou quartiers,

qu'ils eussent mis tous leurs biens et denrées dans ledit château pour s'en secourir. Ils rançonnèrent un nommé Crespe de douze cents écus ; ils firent sauter du roc dans l'eau un cordonnier du Puy nommé Bossolade. Ils tuèrent un nommé le seigneur du Boys, de la suite de Monsieur de Saint-Vidal. Mais ils furent tellement poursuivis et tenus de près que le jour de Saint-Sébastien, sur les vêpres, il fut donné un grand et furieux assaut par les enfants du Puy conduits par le seigneur de Volhac, capitaine général de la ville, le capitaine Tirebolet, sa compagnie et d'autres compagnies ; ayant fait brèche à la muraille, ils entrèrent dans la ville d'Espaly, et l'enseigne de la ville du Puy fut mise sur la muraille par Jehan Pandrau qui la portait.

Et en cette rencontre fut tué un soldat huguenot ; les autres se garantirent dans le château où ils se renforcèrent si terriblement qu'il n'y eut moyens de les en sortir. Les pauvres paysans avec leurs femmes et leurs enfants étaient par les rues, criant miséricorde et qu'on leur sauvât la vie ; et il fut par moi, Jehan Burel, garanti un petit enfant de deux ans qui se brûlait, que j'emportai au cou et reconnus le lendemain d'un nommé Vialate. Et la ville fut pillée par les soldats. Pendant le temps que les huguenots demeurèrent dans le château, la ville fut démantelée à plus de cent pas. Et quelque temps après monsieur de Saint Vidal fut blessé à l'épaule d'un coup d'arquebuse. Cependant la ville du Puy souffrait grandes dépenses pour l'entretien des compagnies du seigneur de la Barge, qui étaient hommes d'armes de cinquante lances avec la casaque rouge et la croix blanche, compagnies de Tirebolet, Cublèses, Quereyre, du Fau, Montvert, Ahond, qui allaient et venaient pour tenir enfermés les huguenots qui s'étaient saisis de Saint-Quentin, Adiac, Chapteulh, Montgiraud, Saint-Pal de Mons, Tence, et plusieurs autres places fortes. Laquelle compagnie de la Barge sortait la nuit de la ville pour battre l'estrade. Et furent pris plusieurs desdits huguenots et après pendus au Martouret par sentence du prévôt.

Ne pouvant s'emparer du château d'Espaly le seigneur de Saint-Vidal se débarrassa du capitaine Guyard par une perfidie : au moyen d'une fausse lettre il fit croire aux compagnons de Guyard que leur capitaine négociait secrètement avec les consuls du Puy. Guyard fut assassiné par ses soldats. Quelque temps après on acheta la capitulation de son lieutenant Marfouze.

Il fut tenu un autre conseil à la ville, vu qu'ils enduraient de grands frais à l'occasion des guerres desdits huguenots, et il fut arrêté de s'accorder avec ledit Marfouze, ce

qui fut fait ; il promit avec ses soldats de quitter ledit château d'Espaly moyennant la somme de deux mille écus, un
grand nombre de souliers, chapeaux, épées, bottes, pour-
points, un cheval audit Marfouze, une paire de chausses et
tout ce qui leur était de nécessité... Et jusqu'à ce que ce fut
fait, furent baillés des otages.

Et ayant été entièrement satisfait audit accord, Marfouze
et sa compagnie, heure de nuit, sortirent du château d'Espaly accompagnés jusqu'à Saint Quentin par le seigneur de
Volhac avec sa compagnie ; c'était le douzième jour du mois
de mars....

Il ne faut pas oublier qu'après la rendue dudit château
d'Espaly, les habitants et peuple du Puy sortirent de terre
le corps dudit Guyard, et que par grande dérision on lui
arrachait la barbe et les yeux de la tête à grands coups de
pierre, et plusieurs autres insolences.

Dans le château d'Espaly il y avait grande quantité de
farine, de pain cuit, de lard, de fèves qui furent vendus au
peuple qui en avait de nécessité.

D'après J. Burel.

Gr. cit., pp. 32 à 37.

Effet produit au Puy par l'assassinat du duc de Guise

La ville du Puy fut avertie des grandes divisions qui
étaient à Lyon pour la mort desdits princes, car les uns
tiennent le parti des princes, les autres du roy, tellement qu'il
y a eu des meurtres même de ceux de la justice et que l'on ne
peut sortir des maisons sans le danger d'être tué et volé, et
les pauvres gens ne savent de quel côté s'avouer ni soutenir.

Et pour autant que ceux de Toulouse ont pourchassé de
nous faire jurer la Ligue et tenir le parti des princes contre
la trame du roy Henri pris et tenu comme hérétique, nous
aurions refusé de ce faire jusqu'à la venue de monseigneur
du Puy, notre prélat et évêque qui était des députés des
États de Blois, attendant sa venue de jour à autre ; et lequel
seigneur-évêque demeura encore longtemps audit voyage
pour ce qu'il s'achemina à Paris pour ses affaires et avec lui
le conseiller Trioulenc.

Et le mercredi saint, ledit seigneur évêque parfit son voyage
et arriva au Puy avec grande réjouissance de son peuple
qui désirait fort sa venue pour donner ordre auxdits trou-

bles ; lesquels habitants de la ville tous en armes, au nombre de plus de mille personnes, conduits par le capitaine général et les capitaines isliers, ce qui faisait bon voir, le conduisirent jusque dans l'évêché.

A l'occasion de ces troubles et divisions, le seigneur de Chatte, sénéchal, tenait le parti du roy et comme tel voulait commander et avoir le gouvernement, et le seigneur de Saint-Vidal, notre gouverneur, tenait le parti contraire, et le seigneur d'Apchier d'autre côté, le peuple fut si mal à son aise et traité qu'il ne savait de quel quartier se tourner. Si bien que tous les jours on tenait conseil à la ville... attendu les discordes qui sont au pays, même à la ville de Brioude en Auvergne, qui a été prise par le seigneur de Randan, tenant pour la Ligue, et des soldats étrangers, entrés dedans, ont ruiné toute la ville.

D'après J. Burel.

Op. cit. pp. 114 et 115.

La Ligue au Puy

C'est de Toulouse qu'était partie la Ligue, approuvée par une bulle du pape, le 15 mars 1568 Toulouse, plus que Paris, était la capitale de la France méridionale et, par son parlement si cruellement orthodoxe, par son archevêque, par tous les Joyeuse, ingrats aux Montmorency et jaloux de leur quasi royauté languedocienne, exerçait un ascendant presque sans borne sur la ville du Puy où elle envoya, le 3 avril 1589, huit députés : un évêque, un président et deux conseillers de la cour, deux capitouls et deux marchands pour fraterniser avec elle et lui faire solennellement jurer la sainte union. Cet engagement contracté au palais épiscopal, dans une assemblée de plus de deux mille personnes : chanoines, membres du clergé, officiers de la sénéchaussée, du baillage, et de la cour commune, consuls, nobles, bourgeois, médecins, avocats, procureurs, marchands, lia d'honneur la ville entière et la rendit sinon vassale, au moins solidaire de la grande cité toulousaine.

Blessée de voir son évêque, plus guerrier que fanatique, aimant mieux châtier les huguenots dans une rencontre armée que les martyriser sur la place du Martouret, opposer des réserves hautaines à tous les emportements d'un zèle excessif et ne voulant pas, lui, comte du Velay, n'être que

l'instrument de la Confrérie de la Croix qui tentait de l'as-
servir, elle l'obligea, pour conserver sa liberté, à s'enfermer
dans son château d'Espaly et, plus tard dans son abbaye du
Monastier. Puis, le redemandant avec colère et ne pouvant
le décider, ni par la menace ni par la prière, à venir se
perdre dans cette fournaise, se livra corps et âme aux prédi-
cations du cordelier Gallesiant, qui, comme les curés de
Paris, d'où l'avait amené Saint Vidal, soufflait le feu sur la
multitude aussi bien de la chaire de Notre-Dame que de la
borne des carrefours.

Fière et jalouse à l'excès de sa constitution municipale,
accoutumée aux orageuses délibérations de l'Hôtel de Ville,
ne reculant même jamais devant les périls d'une sédition
lorsque les vicomtes ou les évêques, au mépris de ses libertés
voulaient serrer le frein aux exubérances populaires, elle
trouva dans ses misères et dans ses douleurs une sorte
d'ivresse démocratique à faire tonner ses canons à la fois
contre Polignac et contre Espaly, à braver du haut de ses
remparts ses deux seigneurs suzerains, à lancer ses partis
de moines et de bourgeois contre cette noblesse, contre ces
Politiques qui venaient avec arrogance imposer le roi des
huguenots à la vieille cité de Notre-Dame. (1)

TRUCHARD DU MOLIN.

La Baronnie de Saint-Vidal, Marchessou.
Le Puy (1897) pp. 41 et 42.

Misères du temps des Guerres de Religion

1. — La famine.

En ladite année (1586) par suite de l'indisposition du
temps, neiges continuées tout le temps de carême, dans tout
le pays de Velay et les montagnes des environs, le pauvre
peuple qui avait été ruiné par les guerres, et après par la
misère du temps était si ruiné et affaibli qu'il mourait de
faim ; on trouvait (les gens) dans la neige morts en grande
abondance, car aussi à la vérité ils avaient mangé du pain
d'avoine, de fougères et les autres l'écorce des arbres ; choses
dignes de mémoire ! Et ils s'en venaient se retirer au Puy

---

(1) Le Puy fut une des dernières villes de France à reconnaître
Henri IV (1596).

par grande force, étant si maigres et défaits qu'ils ressemblaient des corps morts sortis du sépulcre. De telle sorte que les chasse-coquins ne les pouvaient empêcher de rentrer dans la ville, quelques-uns conduisant femmes et enfants en grand nombre, tenant la place depuis la porte Saint-Gilles jusqu'à la porte d'Avignon et de l'autre côté jusqu'à Saint-Laurent, en ayant rempli l'hôpital Saint-Laurent ; auquel lieu les bonnes gens de la ville portaient l'aumône de pain et potage qu'ils leur faisaient manger ; mais aussitôt qu'ils en avaient mangé, leurs boyaux étant fermés, ils mouraient. Ce qui fut continué et dura si longuement que tous les jours ils mouraient sur le lieu, où on les faisait enterrer dans les cloîtres dudit Saint-Laurent dans des fosses qu'on leur avait fait faire tout exprès...

2. — La peste

Je ne peux oublier qu'en ce même temps la maladie de peste se retourna remettre dans la ville du Puy, de laquelle les pauvres furent affligés et moururent en grand nombre dans les fossés et auprès de la barrière ; et on les traînait par les pieds dans le cimetière craignant de les toucher à cause de ladite maladie. Comme aussi aux villages circonvoisins étant visités, (des gens) se trouvaient frappés de ladite contagion, le peuple ne savait où se retirer par les villages parce que partout ladite maladie avait pris possession. Tellement que la ville fut contrainte de commettre des soldats pour la garde de nuit et de jour car aussi la ville était menacée par Chatillon d'être assiégée...

D'après J. BUREL.

Op. cit. pp, 98-100.

Situation des protestants après la révocation de l'Edit de Nantes

Dans le Velay le protestantisme jouissait depuis plusieurs années d'une grande tolérance, grâce à la douceur et à la bonté de Beringhen, évêque du Puy. « Il ne souffrait pas » écrivait le pasteur Peirot le 18 avril 1743, « qu'on fit payer aucune amende ni qu'on prit aucun enfant pour les couvents dans tout son diocèse. En 1741, étant à Paris, son vicaire, à la sollicitation de quelques curés, voulut forcer tous les religionnaires à aller à la messe, et obligea ceux qui étaient mariés au Désert à se séparer de leurs femmes ou à épouser une seconde fois par des prêtres, après avoir fait plusieurs actes de catholicisme et abjuré la religion protestante. Ce vicaire, qu'on appelait l'abbé Duquaine, était suivi de plusieurs curés et d'une compagnie de cavaliers qui forçaient les gens à obéir et qui étaient mis en garnison chez ceux qui ne voulaient pas aller à la messe. Cette persécution ne dura que trois ou quatre mois. D'abord que l'évêque fut de retour, il fit cesser tous les troubles et, depuis ce temps-là, on y a joui d'une grande tranquillité... »

Cité par E. ARNAUD.

Histoire des protestants du Vivarais et du Velay,
tome II 1888. Paris, Grassard, p. 196.

La Contrebande sous l'Ancien Régime

---

1. — Mandrin dans la région de Brioude et le Velay

Coupant les cordons de troupes qui avaient été disposées pour lui fermer la route, Mandrin rentre de Savoie en France, le 20 août 1754. Le 25 août il passe la nuit, avec ses hommes, à Saint-Georges d'Aurac. Le 26, il est à Brioude... Partout les receveurs des Fermes, les entreposeurs et les buralistes des fermiers généraux reçoivent des marchandises de contrebande, en échange desquelles ils doivent donner les sommes que Mandrin exige, — d'ordinaire le prix où ils vendaient eux mêmes ces marchandises au public. Et partout Mandrin laisse des reçus pour les sommes qu'il a touchées. Son intention était que les entreposeurs et les buralistes fussent ensuite remboursés sur la caisse centrale des Fermes ; ce qui eut lieu. De Brioude, la bande gagna le Velay.

En Velay, pays de montagne, par les cols, par les gorges tapissées de sapins, où coule avec bruit l'eau intermittente des torrents, sur les plateaux d'où l'on découvre au loin la plaine bleuâtre qui ondule, bleue et transparente comme une mer immobile, il semble que l'on voie serpenter les files hardies et rapides des contrebandiers. Cols et gorges d'un accès difficile, dont les paysans, amis des margandiers, leur indiquent les plus secrets détours.

FRANTZ FUNCK-BRENTANO.

Mandrin, 3mo édition, Hachette, Paris, 1911, pp. 104 à 108.

2. — Un exploit de Mandrin au Puy

Sur la route de la Chaise-Dieu au Puy, entre Fix et Saint-Geneix, Mandrin fut attaqué par un détachement des hussards de Lenoncourt. Les hussards de Lenoncourt furent mis en déroute et nos compagnons entrèrent en bon ordre dans la pittoresque capitale du Velay. Ils s'y présentèrent le 16 octobre, sur les midi, devant la porte des Farges. La ville du Puy n'occupait pas au xviiie siècle la même étendue qu'aujourd'hui. Elle laissait. en dehors de son enceinte moyenageuse le rocher Corneille et la fameuse pointe d'Aiguilhe, avec sa vieille chapelle sous le vocable de St Michel.

Les Mandrins longèrent les vieux murs de l'enceinte. à créneaux et à machicoulis, avec leurs tours d'angle, lourdes, ventrues, couvertes de toitures en champignons pointus ; ils avaient à leur droite la pointe d'Aiguilhe et arrivèrent à la porte Pannessac. Sous la voûte en arc brisé ils engagèrent la file de leurs chevaux. Ils suivirent la rue Pannessac jusqu'à la rue du Consulat où se trouvait l'entrepôt des tabacs tenu par M. Dupin. Les Mandrins étaient coiffés de leurs chapeaux à larges bords, ils avaient le corps enveloppé de grandes houppelandes, qui laissaient passer le canon luisant des fusils; leurs valets faisaient avancer à coups de bourrades les chevaux chargés de bennes et de ballots. « Ils avaient fait annoncer qu'ils ne feraient aucun mal aux habitants paisibles, mais que, sur leur parcours, on se gardât de mettre la tête derrière les volets entre baillés, qu'ils prendraient cette posture pour un danger ou une menace... Cependant derrière les vitres, beaucoup de personnes regardaient le défilé »

Le capitaine général des Fermes, M. le Juge, avait fait garnir d'hommes et de munitions la maison de l'entreposeur...

Au moment où Mandrin et ses hommes arrivèrent en face de la maison, dont les portes aux fortes serrures et les lourds volets de bois étaient fermés, une fusillade qui s'échappa d'ouvertures habilement ménagées, tua l'un d'eux et en blessa plusieurs. L'un de ces coups de feu cassa le bras gauche à Mandrin lui-même.

La rue du Consulat est une ruelle traversière, large de quatre mètres à peine. qui grimpe au flanc du coteau où est construite la vieille ville. Les maisons, hautes de deux étages, se sont comme enflées dans la partie supérieure, en sorte qu'en s'élevant elles vont chacune se rapprochant de celle qui est en face. Elles ont des toits en appentis protégeant les murs contre la pluie; et la mince bande de ciel clair, qui court au-dessus de la rue, en est plus étroite encore. Jamais de ses rayons le soleil n'en vient blanchir les pavés...

On imagine à quel point l'étroitesse de la rue favorisait la résistance organisée dans la maison de l'entreposeur. Les contrebandiers font face à l'ennemi.

Le gros de la bande, dispersé en ville, est accouru au bruit de la fusillade ; mais c'est en vain que les compagnons déchargent leurs armes...

On s'était procuré un lourd marteau de maréchal ferrant, avec lequel, à grands coups, on cherchait d'enfoncer la porte, sous la direction de Mandrin. Inutilement. Ce fut alors que l'un des lieutenants de celui-ci, nommé Binbarade, eut l'idée de grimper sur la toiture d'une maison voisine, suivi d'une quinzaine d'hommes, d'où il s'efforça en démolissant une muraille de peu de résistance, de pénétrer dans l'entrepôt. La fusillade continuait entre gâpians et margandiers, crépitant du côté de la rue et se répétant à présent en un écho bruyant au haut des toits. Le faîte des maisons voisines était garni de contrebandiers ; on les voyait debout ou accroupis dans les gouttières. Leurs chapeaux à larges bords se découpaient en noir sur la clarté du ciel. Dans ce moment Binbarade fut blessé d'un coup de feu à la bouche, dont il eut une partie des dents fracassées ; un autre contrebandier, Bernard dit la Tendresse ou le Grand Grenadier, eut également, tandis qu'il était sur le toit, la main gauche déchirée d'un coup de fusil tiré par les employés ; mais la résistance des employés pris entre deux feux ne tarda pas à faiblir. Une blessure reçue par leur chef, le capitaine général, fut le signal de la débandade. Douze gâpians lâchèrent pied ; peu après M. le Juge, avec les six employés qui étaient demeurés auprès de lui s'échappa de toit en toit, par les immeubles voisins. Quelques-uns des employés avaient été blessés. A peine Mme Dupin, la femme de l'entreposeur, parvint-t-elle à s'échapper en se sauvant de maison en maison.

On imagine la fureur des margandiers. Ils ne parlaient de rien moins que de promener les têtes du capitaine général des Fermes, de l'entreposeur et de sa femme, au bout de piques, dans les rues de la cité. La maison fut saccagée du grenier à la cave...

Quant au mobilier, dans le premier moment d'exaspération on pensa à le mettre en pièces. Il parut plus pratique de le mettre à l'encan...

Ce qui ne fut pas vendu, fut brisé, détruit, mis en lambeaux...

Les Mandrins sortirent du Puy, dans la nuit du 16 octobre.

FRANTZ FUNCK-BRENTANO.
Op. cit., pp. 136 à 142.

La Fayette (1) et Washington

Ce jeune seigneur de vingt ans, au maintien grave, à la parole réservée, avait plu aux Américains par des qualités qui contrastaient avec le ton léger, les façons dédaigneuses et la pétulance de ses compagnons de bravoure. Il les avait gagnés par sa passion désintéressée et son culte de paladin pour la cause de la liberté. Malgré ses préventions contre les Français, Washington s'était pris à l'aimer, et il en vint à ressentir de la gratitude envers un pays qui produisait de tels hommes. Il fit donner à La Fayette un commandement ; pour les miliciens américains, La Fayette fut plus qu'un chef, il fut l'ami du soldat. *soldier's friend.*

Il n'était pas moins populaire en France. Il mit sa popu-larité au service de l'Amérique. Il réclama pour Washington un corps de vieilles troupes et de l'artillerie...

. . . .

Quand La Fayette revint à Paris, le 21 janvier 1782, il fut couronné de fleurs à l'Opéra. Louis XVI le fit maréchal de camp.

CARRÉ.

Le règne de Louis XVI, Histoire de France de Lavisse,
Tome IX, I, Hachette, Paris, pp. 108 et 115.

Le Velay en 1789. Mauvaise répartition des taxes

L'abondance de la production dépend de la qualité du sol, de son site, de la nature du climat. Or, sous tous ces rap-ports, le pays de Velay est un des plus mal partagés de la province. Sur 101 lieues carrées, il y en a à peine trois où les terres ne chôment pas, à peine un vingtième qui produise deux années sur trois, plus d'un tiers qu'on ne peut ensemen-cer que tous les trois ans, et un quart au moins qui ne pro-duit que des ronces et quelques maigres pâturages pour le menu bétail.

Les récoltes y sont exposées à toutes sortes d'accidents ; l'âpreté du climat, l'abondance et le long séjour des neiges, les brumes de l'hiver qui se prolongent bien avant dans le printemps, en font périr une partie presque toutes les années.

---

(1) La Fayette (Marie-Joseph MOTIER, marquis de), né au château de Chavagnac (Haute-Loire) le 6 septembre 1757, mort à Paris le 20 mai 1834.

Le voisinage, la multitude et la hauteur des montagnes multiplient prodigieusement les orages en été ; de là ces grêles très fréquentes qui détruisent en un instant les espérances et les fruits du cultivateur. Le site du pays très montagneux et coupé par des ravines d'une profondeur effrayante, rend la culture des terres très pénible et beaucoup plus dispendieuse que dans les pays de plaine, objet auquel on ne fait pas assez d'attention, quand il s'agit de l'impôt territorial.

D'ailleurs, cette nature de sol est exposée à un genre de dégradation qui n'est pas connu dans les pays plats, et qui est cependant ruineuse pour les habitants, parce que la fonte des neiges, quand elle est précipitée, ce qui arrive presque toujours, et les torrents qui sont très fréquents, surtout en automne, entraînent les terres et rendent infertiles pour longtemps, quelquefois même pour toujours, de très vastes étendues de pays.

Le sol du Velay est donc un des plus disgraciés et des moins féconds de la province.

La proportion de sa taxe devrait donc être au-dessous de celle de son étendue et de sa population, et cependant elle l'excède d'un cinquième ; la répartition est donc injuste et la surcharge du pays manifeste. Notre député réclamera vigoureusement contre cette injustice, dont nous n'avons jamais pu avoir satisfaction aux Etats Généraux du Languedoc.

CAHIER DES DOLÉANCES DE L'ORDRE DU CLERGÉ DE LA
SÉNÉCHAUSSÉE DU VELAY. IVe partie.

Document cité par M. RIOUFOL, *La Révolution de 1789
dans le Velay.* G. Mey, Le Puy, p. 91.

Quelques doléances de la noblesse en 1789

Le Roi ayant permis aux trois ordres de l'Etat de faire connaître leurs vœux à l'Assemblée de la Nation, la noblesse de la Sénéchaussée du Velay demande :

ARTICLE PREMIER. — Que l'Assemblée des Etats Généraux soit la seule puissance qui puisse consentir l'impôt et sanctionner les lois.

ART. 2. — Que les impôts consentis par les Etats-Généraux soient répartis également sur les fonds, sans aucune distinction.

ART. 4. — Que toute personne qui signera un manuscrit puisse le faire imprimer, sans autre censeur que les lois.

ART. 5. — Que la liberté individuelle soit sacrée.

ART. 11. — Qu'on publie la liste des pensions avec les titres et services qui les ont procurées, et que celles qui n'ont pas été méritées soient supprimées.

ART. 12. — Que les intendants soient supprimés et leurs fonctions exercées par les Etats provinciaux.

ART. 46. — Que les maisons de la Séauve. Bellecombe et Vorey, soient réunies pour en former un chapitre destiné aux filles nobles du Velay qui seront reçues gratis.

CAHIER DES DOLÉANCES DE LA NOBLESSE DE LA SÉNÉCHAUSSÉE DE VELAY EN 1789.

Document cité par RIOUFOL, *La Révolution de 1789 dans le Velay*. G. Mey, Le Puy, pp. 107, 108, 114.

Quelques demandes du Tiers Etat en 1789

Les Etats Généraux du royaume vont s'assembler : leur principal but doit être de régénérer la nation ; tel est le vœu de l'auguste monarque, digne héritier de Henri IV, qui les convoque, et l'espoir des peuples qui s'occupent de leur formation.

Le seul moyen de remplir ce double objet doit être de donner à la France une constitution libre, uniforme et permanente. A cet effet le Tiers Etat de la sénéchaussée du Puy... demande :

ARTICLE PREMIER. — Que dans les assemblées nationales les voix soient recueillies par tête et non par ordre

ART. 2. — Que le Tiers-Etat soit toujours représenté par un nombre au moins égal à celui des deux autres ordres réunis.

ART. 6. — Aucune loi, aucun impôt, aucun emprunt, aucun changement dans la valeur des monnaies, sans le consentement de la nation.

ART. 10. — Suppression des gabelles et de la régie du tabac, le prix du sel uniforme et modéré dans les salines.

ART. 11. — Les détenus aux prisons, et ceux qui sont aux galères pour fait de contrebande, seront élargis et mis en liberté.

ART. 15. — Uniformité d'aunages, de mesures et de poids dans tout le royaume...

ART. 16. — Suppression des péages sur les routes et rivières.

Art. 18. — Suppression totale de la dîme et du casuel.

Art 29. — Supprimer tous les droits... comme tailles seigneuriales, corvées, banalité et tous autres droits de cette nature, tenant leur origine de la servitude personnelle.

Art. 50. — Accorder au Tiers Etat l'expectative à tous emplois militaires, dignités ecclésiastiques et places de magistrature. Rejeter toutes distinctions qui, en humiliant le Tiers Etat, n'honorent point la noblesse.

Art. 66. — Qu'il soit établi de petites écoles, dans le chef-lieu de chaque paroisse, pour l'un et l'autre sexe, et les gages des maîtres et des maîtresses pris sur les biens ecclésiastiques.

Art. 74. — Que la répartition de l'impôt réel et personnel soit faite par une contribution proportionnelle aux revenus des individus de toutes les classes et de tous les ordres de citoyens, sans exceptions quelconques...

Art 83. — Que les diverses paroisses du Forez, Auvergne et Gévaudan, qui faisaient anciennement partie du Velay, soient restituées au pays et contribuent à l'avenir à la répartition de l'impôt.

Art. 85. — Décharger le diocèse, pour le présent et à l'avenir, de la réédification du palais épiscopal, qui fut incendié au mois de novembre 1782.

Art. 86. — Accorder une nouvelle direction par Villefort et Alais, pour la poste aux lettres, établie par Mende, pour le pays méridional.

Cahier d'instructions, demandes et pouvoirs, pour les députés du Tiers-Etat de la Sénéchaussée du Puy.

Publié par Rioufol, *La Révolution de 1789 dans le Velay.* Mey, Le Puy, pp. 120-132.

Le brigandage au temps du Directoire
Enlèvement d'une caisse publique sur la grand'route

Audience du dix-neuf nivose l'an X de la République française, une et indivisible.

. . . .

En vertu de ce jugement, le substitut du commissaire du gouvernement près le tribunal criminel du département de la Haute-Loire, pour l'arrondissement de Brioude, a dressé le présent acte d'accusation...

Le dit substitut déclare qu'il résulte de l'examen des pièces et notamment... du procès verbal dressé le vingt-huit frimaire an VI, par le caporal de la compagnie des chasseurs... commandant le détachement qui escortait une caisse contenant trente mille francs destinée par le payeur de la Haute-Loire au payeur de l'armée des Alpes... que le dit jour vingt-six frimaire an six, entour dix à onze heures du matin, sur la route d'Yssingeaux à Monistrol et à la côte du pont de Lignon, une bande de trente à quarante brigands, masqués et armés de fusils, qui s'étaient embusqués dans un bois qui domine la grande route, prévenus sans doute du passage de la voiture chargée du transport de trente mille francs, fit un feu roulant sur les chasseurs qui l'escortaient, que, ceux ci après avoir épuisé toutes leurs cartouches et déployé pendant longtemps une résistance inutile, malgré les blessures dangereuses que deux de leurs camarades avaient reçues dans le combat, furent enfin obligés de se retirer, et que le trésor public fut enlevé par les brigands.

. . . .

Les accusés furent acquittés faute de preuves.

Document cité par Riourol, *La Révolution de 1789 dans le Velay*. Mey, Le Puy, pp. 359-360.

Les Réfractaires à la conscription à la fin de l'Empire

Sous le premier empire, chaque fois qu'on prenait à la France un peu de sa chair pour boucher les trous faits par le canon de l'ennemi, il se trouvait, dans le fond des villages, des fils de paysans qui refusaient de marcher à l'appel du grand empereur. Que leur faisait à eux, les ébats de nos aigles au-dessus du monde, que l'on entrât à Berlin ou à Vienne, au Vatican ou au Kremlin ? Vers ces hameaux perchés sur le flanc des montagnes, perdus dans le fond des vallées, le vent ne chassait point des nuages de poudre et de gloire. Ils aimaient, eux, leurs prairies vertes, leurs blés jaunes ; ils tenaient comme des arbres à la terre sur laquelle ils avaient poussé, et ils maudissaient la main qui les déracinait. Il ne reconnaissait pas, cet homme des champs, de loi humaine qui pût lui prendre sa liberté, faire de lui un héros quand il voulait rester un paysan... Il préférait, à ce voyage glorieux à travers le monde, les promenades solitaires, la nuit, sous le feu des gendarmes, autour de la cabane où était mort son aïeul aux longs cheveux blancs. Au matin du jour où devaient partir les conscrits, quand le soleil n'était pas encore levé, il faisait son sac, le sac du rebelle ; il décrochait le vieux fusil pendu au-dessus de la cheminée, le père lui glissait des balles, la mère apportait un pain de six livres, tous trois s'embrassaient ; il allait voir encore une fois les bœufs dans l'étable, puis il partait et se perdait dans la campagne.

C'était un *réfractaire*.

JULES VALLÈS.

Les Réfractaires. Fasquelle, Paris, pp. 3-4.

La Fayette et la seconde abdication de Napoléon Ier
Motion de La Fayette à la Chambre des députés le 21 Juin 1815

Déjà mis en garde par Fouché et ses émissaires contre le prétendu projet de l'empereur de dissoudre la Chambre pour prendre la dictature, La Fayette eut la confirmation de ces desseins par Reynaud lui-même qui venait de quitter le conseil des ministres. Il fallait gagner Napoléon de vitesse. La Fayette se concerta avec Lanjuinais qui, bien qu'il ne fût encore que midi et quart, se pressa d'ouvrir la séance.

Pendant la lecture du procès-verbal, les députés assis à leurs bancs ou debout sur les degrés de l'hémicycle continuaient de parler avec la même véhémence que dans les couloirs. Un bruit confus et assourdissant emplissait la vaste salle. Soudain il se fit un grand silence. La Fayette montait à la tribune.

D'une voix grave et calme, que l'on écouta avec une attention qui tenait du recueillement, il dit : « — Lorsque, pour la première fois depuis bien des années, s'élève une voix que les vieux amis de la liberté reconnaîtront encore, je me sens appelé à vous parler des dangers de la patrie que vous seuls à présent avez le pouvoir de sauver... Permettez, messieurs, à un vétéran de la cause sacrée de la liberté de vous soumettre quelques résolutions préalables dont vous apprécierez, j'espère, la nécessité : ARTICLE Ier. La Chambre des représentants déclare que l'indépendance de la nation est menacée. ARTICLE II. La Chambre se déclare en permanence. Toute tentative pour la dissoudre est un crime de haute trahison ; quiconque se rendrait coupable de cette ten-

tative sera traître à la patrie et jugé comme tel. Article
III. L'armée et la garde nationale ont bien mérité de la
patrie. Article IV. Le ministre de l'intérieur est invité à
porter au plus grand complet la garde nationale parisienne,
cette garde citoyenne dont le patriotisme et le zèle éprouvés
depuis vingt six ans offrent une sûre garantie à la liberté,
aux propriétés, à la tranquillité de la capitale et à l'inviola-
bilité des représentants de la nation. Article V. Les
ministres de la guerre, des relations extérieures, de l'intérieur et de la police sont invités à se rendre sur le champ
dans le sein de l'Assemblée. »

On applaudit. La motion répondait aux sentiments de la
Chambre, à ses colères comme à ses craintes. Mais pour *pro-
poser* publiquement cet attentat à la constitution, il fallait
un homme qui eût le passé et l'autorité de La Fayette. Nul
autre n'aurait pu raisonnablement l'oser. C'est pourquoi
Napoléon ne s'est pas trompé en écrivant dans son testa-
ment que sa seconde abdication est due à La Fayette.

Henry Houssaye.

1815. *La seconde abdication. La Terreur blanche.*
42e édition, 1908. Paris, Perrin, pp. 27 à 29.

Le dernier voyage de Lafayette en Amérique (1824)

Ce fut en 1824, quand il avait déjà 67 ans, qu'il fit cette
visite. Jamais général conquérant de Rome n'a été reçu, à sa
rentrée dans la Ville éternelle, comme ce simple vieillard
dans le pays auquel il avait voué l'ardeur de sa jeunesse. A
son aspect tous les souvenirs se réveillaient et chacun croyait
encore assister à ce grand drame dans lequel il avait joué un
des rôles les plus importants.

Son voyage dura plus d'un an. Il fut une ovation conti-
nuelle. Les treize Etats de la révolution étaient devenus
vingt-quatre ; les trois millions d'âmes s'étaient élevés à dix.
Lafayette visita tous ces Etats et passa par environ cent
cinquante villes et villages considérables, dans la plupart
desquels il fut l'objet d'honneurs insignes...

. ... Le Président des Etats Unis, au nom du Congrès et du
peuple américain, a prononcé le dernier adieu à Lafayette, à
la veille de son départ de notre pays :

« Dans le catalogue des hommes illustres que la France proclame comme ses enfants, et qu'elle s'enorgueillit d'offrir à l'admiration des peuples, le nom de Lafayette a déjà été enregistré depuis plusieurs siècles Maintenant il a reçu un nouveau lustre et si, dans la suite des temps, un Français, est appelé à indiquer le caractère de sa nation par celui d'un individu, le sang d'un noble patriotisme colorera ses joues, le feu d'une inébranlable vertu brillera dans ses yeux, et il prononcera le nom de « Lafayette ».

WALKER.

Discours du Consul général des Etats-Unis à Paris au banquet de l'inaugurationde la statue du général Lafayette au Puy (6 septembre 1883).

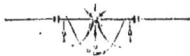

II. LE PAYS

Coup d'œil général sur le Velay

A quatre-vingt kilomètres environ au sud-ouest de Lyon, le Velay forme une région naturelle qui servit longtemps de cadre à une subdivision de la province du Languedoc et dont la plus grande partie est aujourd'hui comprise dans le département de la Haute-Loire. C'est un vaste plateau assez élevé, d'une altitude moyenne voisine de 1000 mètres, hérissé d'un très grand nombre de pitons, entaillé de profondes et étroites vallées. On y distingue deux grandes régions assez différentes : au sud, le Velay volcanique, au nord. le Velay granitique. Le Velay volcanique apparaît comme formé par deux plateaux élevés, tous deux couverts d'un manteau éruptif et semés de buttes aux formes diverses : le plateau de l'ouest ou plateau du Velay d'âge relativement récent est encore peu morcelé ; celui de l'est, au contraire, le plateau du Mézenc plus ancien est déjà fort démantelé ; entre les deux se blottissent une série de petits bassins argileux (bassin du Puy, Emblavès) devant à leur altitude inférieure (600 mètres environ) un climat plus doux, une fertilité relative et un peuplement plus important. Le sol volcanique est excellent, mais les rigueurs du climat empêchent les récoltes d'être abondantes.

Le Velay granitique, qui s'étend au nord du précédent, est beaucoup plus uniforme : c'est un vaste plateau cristallin, coupé obliquement par la vallée de la Loire en deux parties : le plateau de Craponne à gauche, le plateau de Montfaucon à droite, qui s'abaisse vers le lit du fleuve. Ce plateau au sol ingrat entaillé de sauvages vallées, est parsemé de bois nombreux et d'une foule de hameaux profitant de la dissémination des sources.

Malgré des différences assez considérables dans la nature du sol, le relief et aussi l'altitude, puisque le point le plus haut est de 1.754 mètres et le plus bas 420 mètres, on peut dire que dans l'ensemble, le Velay est un pays accidenté, au climat rude, par suite aux communications difficiles, où les cultures maigres comme le seigle sont surtout développées, où l'élevage des bêtes à cornes et des moutons tient une grande place, en un mot où le sol est soumis à une exploitation plutôt extensive par une population nombreuse mais très disséminée.

Bulletin de la Société de Géographie de Lyon.
2ᵉ série, 1908, tome I, Georg, Lyon, pp. 242-243

La plaine de Brioude

La plaine de Brioude a une longueur de 13 kilomètres sur 3 à 6 kilomètres de largeur : son altitude moyenne est de 410 mètres. Limitée au nord-est par les dernières pentes du Livradois, elle est bornée au sud-ouest par des collines primitives qu'on peut considérer comme la terminaison adoucie des flancs de la Margeride. Au double point de vue géologique et géographique, la plaine de Brioude est une sorte d'expansion vers le sud de la Limagne d'Auvergne, dont elle offre certains aspects. Elle est, comme celle-ci recouverte d'un manteau d'alluvions qui la rendent fertile. C'est la région la plus basse du département de la Haute-Loire ; c'est aussi la plus riche, avec les bassins du Puy et de l'Emblavès.

MARCELLIN BOULE.

La Haute-Loire et le Haut-Vivarais, Masson, Paris, p. 31.

Le panorama du Mezenc
Contraste entre le Velay et le Vivarais

De la cime du Mezenc, à l'altitude de 1.750 mètres, on a sous les yeux une bonne partie de la France centrale ; à l'orient, le Mont-Blanc et les autres géants de glace, « les montagnes du matin » comme disent ces bergers, brodent sur le ciel rose leurs dentelles noires qui brilleront tout à l'heure blanches dans l'azur. D'ici, la structure du Vivarais se découvre dans toute sa singularité. Tandis que les larges vagues de la Lozère et du Cantal s'inclinent à l'ouest, presque plates, tandis qu'au nord l'Auvergne et le Velay, terres pesantes, gauchement taillées, font moutonner leurs gros dômes trapus, à l'est et au sud un furieux chaos de monta-gnes surgit du précipice béant sous nos pieds. Les chaînes confondues se ruent en tous sens vers la tranchée du Rhône; impossible de discerner un plan, une ligne directrice. Il sem-ble qu'un forgeron ivre ait jeté les uns sur les autres ces blocs de granit, tels qu'il les arrachait des fournaises dont on aperçoit çà et là les orifices. Pourtant, ce n'est pas lourd comme le massif auvergnat; c'est puissant et hardi, les profils sont francs, les arêtes accusées ; ce torrent de feu solidifié donne encore l'impression du jaillissement et de l'impétuosité.

EUGÈNE-MELCHIOR DE VOGÜÉ.

Notes sur le Bas-Vivarais.
H. Champion, libraire, Paris (1893) pp. 39 à 41.

La Loire et les rivières du Velay

Les terrains qui constituent la surface actuelle du bassin du Puy, quels que soient leur âge et leur origine, sont tous sinon imperméables, du moins peu perméables ; ils ne ren ferment point de sources abondantes ; ils favorisent bien plus la formation de torrents que celle de rivières régulières.

La forme du relief contribue à accentuer ce caractère : elle suffirait à le déterminer. Le bassin du Puy a presque partout des pentes excessives... Par suite, malgré leurs sinuosités, les cours d'eau qui les sillonnent ont des pen-tes très fortes; la Colance descend en moyenne de 37 mètres par kilomètre, la Gagne d'Arcône de 34, la Gagne de Cayres de 40, la Borne de 10, l'Arzon de 11. La Loire elle-même, qui ne gagne le fond de la dépression du Puy qu'après avoir décrit une longue courbe vers le sud-ouest, a une pente qui dépasse environ 9 mètres en moyenne par kilomètre : pente vraiment torrentielle; une rivière est classée comme torrent quand sa pente dépasse 2 p. 1.000. Tandis que les plateaux, découpés en longues tables par les vallées des rivières, s'abaissent lentement pour aller se terminer par des abrupts sur la vallée de la Loire, les divers cours d'eau, après avoir coulé d'abord dans des vallonnements assez doux, cèdent bientôt à l'attraction du niveau de base ; creusant sans cesse leur lit, ils ont scié tout le manteau superficiel des roches éruptives, puis entamé le support de roches anciennes, dans l'épaisseur duquel ils se sont taillé des ravins étroits dont la profondeur atteint parfois plusieurs centaines de mètres.

Qnant à l'humidité, comme la plupart des pays de montagnes, le bassin supérieur de la Loire reçoit relativement beaucoup de pluies. Leur hauteur moyenne égale la moyenne des pluies de la France sur tout le versant situé à l'ouest du fleuve, et la dépasse très sensiblement sur le versant situé à l'est. Ce dernier, voisin de la région méditerranéenne, est sujet comme elle, quoique à un moindre degré, à ces averses subites et drues qui, à certaines saisons, peuvent jeter sur le sol en un temps court des masses d'eau relativement considérables. Telle averse a débité en moins de vingt-quatre heures une quantité de pluie égale à la sixième ou à la septième partie de toute celle qui tombe pendant le cours d'une année.

Alimentées par de telles pluies, des rivières à pentes douces seraient des rivières abondantes. Ici, en raison du peu d'étendue de leurs bassins respectifs et de la pente excessive de leurs lits, les divers cours d'eau qui concourent à former la Loire ne roulent, en temps ordinaire, qu'un volume d'eau des plus médiocres ; c'est à peine s'ils recouvrent entièrement les grosses pierres dont leurs lits sont tapissés. On évalue leurs débits, non en mètres cubes, mais en litres... Le niveau du fleuve se maintient, pendant plusieurs mois consécutifs, sans variation sensible à moins de un mètre d'élevation. Cette uniformité est rompue, de loin en loin, par des crues subites dont la hauteur peut-être considérable. Coulant sur des pentes qui amènent la concentration rapide des eaux de ruissellement au fond des vallées, ces cours d'eau du Velay sont à la merci de toute averse abondante. Que la sécheresse se prolonge, leur volume se réduit presque à rien. Qu'il survienne un fort orage ou une pluie persistante, ils grossissent soudain et deviennent formidables. C'était, l'instant d'auparavant, une maigre rivière roulant un filet d'eau sur un lit de cailloux ; c'est maintenant un torrent grondant, rempli en un clin d'œil d'une masse bouillonnante d'eau boueuse qui élève son niveau de plusieurs mètres ou déborde sur les rives. Le débit, qui ne dépassait pas quelques litres par seconde, est devenu 100, 200, 300 fois plus considérable. Au reste, l'inondation passe presque aussi vite qu'elle est venue ; en quelques heures le torrent grossit démesurément, puis redescend à son niveau primitif. Seulement, pendant ce court moment, cette sorte de « bélier hydraulique », doué d'une force, d'impulsion colossale, a détruit maint obstacle, et, en

s'écoulant, il laisse derrière lui un amoncellement de
ruines.

L'histoire du Velay abonde en méfaits causés par de
semblables crues subites et dévastatrices.

L. GALLOUÉDEC.

La Loire, Hachette, Paris, pp. 129 à 132.

Les hauts plateaux du Mezenc

Que cette région du Velay est âpre et désolée ! Sous l'ar-
dent soleil de juillet, il semble que la nature n'y puisse oublier la rigueur des mortels hivers : son linceul rejeté, elle
ne connaît point l'allégresse de la résurrection. Une grande
tristesse flotte même sur les champs fertiles, même sur les
prairies en fleurs, même sur les routes où défilent les atte-
lages de bœufs revenant de la fenaison. Ce n'est pas ici la
mélancolie souriante des beaux jours de Bretagne, mais
quelque chose de morne et d'accablant. Le climat est excessif et hostile : Sibérie l'hiver, Afrique l'été. Point d'arbres,
soit que les ouragans les empêchent de croître, soit que l'im-
bécillité de l'homme ait déboisé la contrée. Une file de saules
au creux d'un vallon, ou bien, plus haut, sur le flanc de la
montagne, un massif de sapins maigres, c'est toute la pa-
rure de cette terre dure et farouche, toujours plus dure, toujours plus farouche, à mesure que l'on gravit la pente des
Cévennes.

A. HALLAYS.

A travers la France, Perrin, Paris 1903, pp. 154-155.

Prairies et Pâturages du Mezenc — Une plante merveilleuse

Dans les endroits où la pente est faible et où l'eau est en
abondance, viennent de hautes herbes aromatiques, consti-
tuant un foin excellent que l'on récolte en fin juillet pour la
nourriture des troupeaux à l'étable pendant l'hiver. Sur les
pentes ou dans les endroits secs poussent des herbes plus
rares qui restent courtes et qu'on abandonne pendant toute
la belle saison aux troupeaux de moutons ; à partir du
Rouergue et même de Beziers et d'Avignon, ces animaux
remontent les pentes des Cévennes, à mesure que les neiges

fondent et viennent « estiver » de mai à septembre, sur les flancs du Mezenc et des montagnes voisines.

La flore des prairies est uniquement composée de plantes subalpines, auxquelles se mélangent, sur les plus hauts sommets (*Mezenc, Alambre, Roche-Tourte*), quelques représentants franchement alpins....

Si ces prairies sont la principale ressource du montagnard, elles sont aussi la joie des yeux pour le touriste et le botaniste qui y trouvent à foison les fleurs les plus variées et les plus brillantes. La grande Gentiane, l'Arnica, les *Trollius* dominent la prairie de leurs corolles éclatantes ; les bords des ruisselets sont marqués par des lignes d'Epilobes, de Saxifrages, de hautes Renoncules blanches, tandis que partout en retrouve la grande violette des montagnes.

La plupart de ces plantes à propriétés médicinales sont soigneusement recueillies, les fleurs desséchées et mises en sacs pour être vendues « à la foire de la Violette » qui se tient chaque année à Sainte-Eulalie, sur les confins de la Haute-Loire et de l'Ardèche, et où viennent s'approvisionner les herboristes des bassins du Rhône et du sud des Cévennes...

Il faut donner une mention spéciale au beau *Senecio leucophyllus* qui attire de loin les regards à cause de ses capitules d'un jaune d'or et surtout de la couleur de ses nombreuses feuilles. Celles-ci, très élégamment découpées, d'un blanc d'argent éclatant, s'étalent par dessus les blocs de phonolite en tapis serrés de plus d'un mètre carré de superficie.

Cette belle plante qui, ailleurs, est localisée en quelques points isolés des Alpes et des Pyrénées, n'existe dans tout le Plateau Central qu'au sommet du Mezenc. Elle a vivement frappé les montagnards cénevols à cause de sa rareté, de son mode de végétation en apparence énigmatique sur la pierre nue, et aussi du fait que, plongée dans l'eau bouillante, de blanche qu'elle était, elle devient subitement noire, quand l'eau qui remplit les poils qui la recouvrent en a chassé l'air. Toutes ces circonstances, mystérieuses pour eux, les ont amenés à considérer « l'herbe du Mezenc » comme une panacée pour tous les maux, en particulier pour la maladie la plus fréquente de ces rudes montagnards, la pneumonie ou le « refroidissement » comme ils l'appellent.

MARCEL GALLAUD.

La Haute-Loire et le Haut-Vivarais, de MARCELLIN BOULE, Masson, Paris, pp. 63, 64, 66).

Chaudeyrol

Le cimetière est près de l'église, et il n'y a pas d'enfants
pour jouer avec moi ; il souffle un vent dur qui rase la terre
avec colère, parce qu'il ne trouve pas à se loger dans le
feuillage des grands arbres. Je ne vois que des sapins maigres, longs comme des mâts, et la montagne apparaît là bas,
nue et pelée comme le dos décharné d'un éléphant.

C'est vide, vide, avec seulement des bœufs couchés, ou
des chevaux plantés debout dans les prairies !

Il y a des chemins aux pierres grises comme des coquilles
de pèlerins, et des rivières qui ont les bords rougeâtres,
comme s'il y avait eu du sang : l'herbe est sombre.

Mais peu à peu cet air cru des montagnes fouette mon
sang et me fait passer des frissons sur la peau.

J'ouvre la bouche toute grande pour le boire, j'écarte ma
chemise pour qu'il me batte la poitrine.

Est-ce drôle ? Je me sens, quand il m'a baigné, le regard
si pur et la tête si claire ! ..

C'est que je sors du pays du charbon (Saint-Etienne) avec
ses usines aux pieds sales, ses fourneaux au dos triste,
les rouleaux de fumée, la crasse des mines, un horizon à
couper au couteau, à nettoyer à coups de balai...

Ici le ciel est clair, et s'il monte un peu de fumée, c'est
une gaieté dans l'espace, — elle monte, comme un encens,
du feu de bois mort allumé là-bas par un berger, ou du feu
de sarment frais sur lequel un petit vacher souffle dans cette
hutte, près de ce bouquet de sapins...

Il y a là le vivier, où toute l'eau de la montagne court en
moussant, et si froide qu'elle brûle les doigts. Quelques
poissons s'y jouent. On a fait un petit grillage pour empêcher qu'ils ne passent. Et je dépense des quarts d'heure à
voir bouillonner cette eau, à l'écouter venir, à la regarder
s'en aller, en s'écartant comme une jupe blanche sur les
pierres !

La rivière est pleine de truites. J'y suis entré une fois
jusqu'aux cuisses ; j'ai cru que j'avais les jambes coupées
avec une scie de glace. C'est ma joie maintenant d'éprouver
ce premier frisson. Puis j'enfonce mes mains dans tous les
trous, et je les fouille. Les truites glissent entre mes doigts ;

mais le père Régis est là, qui sait les prendre et les jette sur l'herbe, où elles ont l'air de lames d'argent avec des piqûres d'or et de petites taches de sang.

JULES VALLÈS. (1)

L'Enfant, Fasquelle, Paris, 1900 pp. 146-148.

Fix

Ce pays, à en juger par le climat et par les pins nombreux que l'on y rencontre doit être fort élevé. Il y a trois jours que je suis étouffé de chaleur, mais aujourd'hui, quoique le soleil soit brillant, elle est modérée, comme dans un jour d'été en Angleterre, et je suis assuré que les habitants n'en éprouvent jamais de plus grande, mais ils se plaignent des froids rigoureux de l'hiver, — et disent que la neige eut l'hiver dernier seize pouces d'épaisseur. La circonstance la plus intéressante est l'origine volcanique de tout l'endroit : les bâtiments et les murs sont de lave, les grandes routes sont raccommodées avec de la lave, de la pozzolane et des basaltes, et la surface du pays montre partout qu'il tire son origine d'un feu souterrain. Cependant la fertilité du sol n'est point partout frappante. Les moissons n'ont rien d'extraordinaire, et il y en a plusieurs de mauvaises, mais il faut considérer la hauteur. Je n'ai vu, dans aucun autre pays, des montagnes cultivées si haut ; on y voit du grain partout, même jusques sur leurs sommets, à une hauteur où l'on trouve ordinairement des rochers, du bois ou des bruyères...

ARTHUR YOUNG.

Voyages en France pendant les années 1787-88-89 et 90, Traduit de l'Anglais, Paris, Buisson, 1794, tome II, pp. 24-25.

Le volcan de Bar

L'antique volcan s'élève isolé sur un vaste plateau très nu et assez triste. Il est là comme une borne plantée à la limite de l'ancien Velay et de l'ancienne Auvergne. Du sommet de ce cône tronqué, la vue est admirable et s'étend jus-

(1) Ecrivain né au Puy le 17 juin 1832, mort à Paris le 15 février 1885.

qu'aux Cévennes. Une vaste forêt de hêtres couronne la montagne et descend sur ses flancs, qui se déchirent vers la base. Le cratère est une vaste coupe de verdure parfaitement ronde et couverte d'un gazon tourbeux où croissent de pâles bouleaux clair-semés. Il y avait là jadis un lac qui, selon quelques antiquaires, était déjà tari au temps de l'occupation romaine.

GEORGE SAND.

Jean de la Roche, CALMANN-LÉVY, Paris, p. 113.

Un lac de cratère : le lac du Bouchet

En montant au lac, on découvre une vaste étendue de monts, depuis le Livradois vers la Chaise-Dieu jusqu'aux Boutières et au Mezenc. Le chemin s'élève par une pente douce sur l'arête du Devès, conquise par le reboisement, formant ligne de faîte entre la Loire et l'Allier. Une partie de ces hauteurs, dominant de 100 à 200 mètres les abords de Cayres, est une croupe arrondie revêtue de beaux bois résineux. De superbes mélèzes bordent une avenue qui descend bientôt dans un vaste cirque semblable à un cratère ; au fond étincelle la nappe circulaire du lac...

Rien de solitaire et de charmant comme cette vasque, jadis farouche, entre des pentes de lave nue, aujourd'hui enchâssée dans l'écrin vert des arbres et des petites prairies... C'est harmonieux et simple, rien ne dérange les lignes régulières de l'enceinte sylvaine...

Le bassin est de médiocre étendue si on le considère en géomètre, le diamètre est de 750 mètres seulement. Il donne cependant l'illusion d'une nappe autrement vaste. La profondeur n'atteint pas celle de l'Issarlès, il y a 28 mètres à peine au plus creux. Ce lac n'a pas encore livré le mystère de sa formation : aucune source apparente ne l'alimente, aucun émissaire n'en sort, mais la limpidité des eaux en révèle le renouvellement incessant.

ARDOUIN-DUMAZET.

Voyage en France, 34e série, Berger-Levrault et Cie (Paris-Nancy), pp. 139, 140, 142.

Le Bassin du Puy

Le bassin du Puy n'est qu'un nid, creusé à deux ou trois cents mètres au-dessous de plateaux dont les corniches plates se prolongent, s'interrompent, se répètent sur les deux tiers de l'horizon. Ce que l'œil aperçoit surtout, ce sont des pentes où des murs en gradins soutiennent des vergers et des vignes entre des pierrailles noires ou des fragments de prismes basaltiques. Mais du fond de la vallée d'arbres et d'eaux vives, surgissent les deux piliers de la Roche-Corneille et de Saint-Michel. On les croirait jaillis du sol ; et cependant il n'en est rien : ce sont des débris restés debout dans un amas de projection qu'ont balayé les eaux.

PAUL VIDAL DE LA BLACHE.

Tableau de la Géographie de la France, Histoire de France de Lavisse, tome I, 1, Hachette, Paris, p. 289.

Une ville du Moyen-Âge : Le Puy-en-Velay

Du rocher d'Espaly, — c'est le meilleur observatoire d'où l'on puisse contempler le Puy, quand le soleil décline, — la beauté de cette ville est incomparable. C'est là aussi qu'il faut revenir, — après le premier émerveillement, — saisir d'un coup d'œil le plan et l'histoire de la cité. Les doubles lignes des remparts qui défendaient le Puy ont à peu près disparu ; des murailles de la ville des évêques, c'est à peine s'il subsiste quelques vestiges ; les défenses qui entouraient la ville basse, la ville des consuls, ont été rasées ; l'une des tours de la porte Panessac est tout ce qui demeure des anciennes fortifications. Mais le site même a une éloquence trop impérieuse pour que ces destructions gènent ici la résurrec tion du passé. Jamais topographie d'une ville ne fut à ce point saisissable. En face du rocher Corneille où s'accroche la cathédrale, flanquée d'une forteresse, le premier venu découvrira les plus lointaines origines de la ville, sanctuaire, château épiscopal, hôtellerie de pèlerins, refuge contre les seigneurs pillards, dont les donjons écroulés couronnent encore la crête des montagnes voisines, et, enfin, la naissance de la commune riche et turbulente.

A. HALLAYS.

A travers la France, Perrin, Paris, 1903, 2ᵉ édition, p. 134.

Le Caractère méridional du Puy

Des madones peintes gardent les carrefours. De jolies fontaines égayent les petites places. Les rues sont étroites et fraîches Malgré la rigueur de ses hivers, le Puy a déjà l'air italien des villes de notre Midi. On y prononce fortement les e muets. On y abrège les o et les a. On y entend, quand les paysans descendent à la ville, le parler du Languedoc ; et cela paraît naturel, lorsque, au détour d'une ruelle, entre deux toitures plates, on aperçoit un pan de ciel bleu.

A. HALLAYS.

A travers la France, Perrin. Paris, 1903, 2ᵉ édition, p. 150.

Montagnards — Les « Pageis »

Quand on arrive sur le plateau du Béage, les figures des gens que l'on rencontre n'ont plus rien de commun avec celles des habitants de la plaine (du Bas-Vivarais) ; uniformément pareilles, elles frappent par je ne sais quoi de lourd et d'inachevé, surtout chez les femmes. Sous le petit chapeau de feutre noir des dentellières du Puy, on dirait que toutes ces faces rondes, placides, ont été découpées d'un même tour de compas dans une même pièce de chair rouge. Dans l'épaisseur des larges crânes, la pensée bat d'un rythme très lent, l'excitation quotidienne du journal ne l'a pas encore activée. Des idées rares, chétives, s'y enracinent fortement, comme les hêtres rabougris clairsemés sur ces tables de lave. Beaucoup de montagnards n'ont jamais dépassé le rayon de quelques kilomètres où ils promènent leurs troupeaux ; aller plus loin, c'est pour eux quitter le « pays », une grosse et difficile affaire...

Au siècle dernier, ces gens des hauts lieux vivaient encore dans un état de sauvagerie redoutable ; un aide de Cassini, envoyé au Mezenc pour y relever la carte, fut mis en pièces par les habitants du village des Estables.

Je me souviens des *pageis*, — c'est le nom local des montagnards, — qui descendaient dans la vallée du Rhône, quand j'étais enfant, pour louer leurs bras au temps des foins et de la moisson. On était à la fin du second empire, et les plus vieux d'entre eux ne savaient pas répondre quand

on leur demandait qui régnait sur la France; ils refusaient
obstinément les paiements en billets de banque; ils n'avaient
pas repris confiance dans le papier depuis la dépréciation
de 1848.

Aujourd'hui les *pagels* ont plus de communication
avec le monde. Leurs mœurs sont douces et honnêtes. Ils
font bon accueil à l'étranger, mais avec une nuance de ré-
serve. Attachés aux vieilles coutumes, graves et peu expan-
sifs, comme tous les gens pauvres qui vivent sous le plein
ciel, les querelles religieuses d'autrefois, les querelles politiques de nos jours ne montèrent guère jusqu'à eux.

Eugène Melchior de Vogüé.

Notes sur le Bas-Vivarais, H. Champion, libraire, Paris
(1893) pp. 62 à 64.

Dentellières

En hiver, les béates travaillent *à la boule* : elles plantent
une chandelle entre quatre globes pleins d'eau, ce qui donne
une lueur blanche, courte et dure, avec des reflets d'or.

En été, elles portent leurs chaises dans la rue sur le
pas de la porte, et les *carreaux* vont leur train.

Avec ses bandeaux verts, ses rubans roses, ses épingles à
tête de perle, avec les fils qui semblent des traînées de bave
d'argent sur un bouquet, avec ses airs de corsage riche, ses
fuseaux bavards, le *carreau* est un petit monde de vie et de
gaieté.

Il faut l'entendre babiller sur les genoux des dentellières,
dans les rues de béates, les jours chauds, au seuil des maisons muettes. Un tapage de ruche ou de ruisseau, dès qu'elles
sont seulement cinq ou six à travailler, — puis quand midi
sonne, le silence !...

Les doigts s'arrêtent, les lèvres bougent, on dit la courte
prière de l'Angelus. Quand celle qui la dit a fini, toutes
répondent mélancoliquement : *Amen !* et les *carreaux* se
remettent à bavarder.....

Jules Vallès.

L'Enfant. Fasquelle, Paris, 1900, pp. 17-18.

Une Eglise romane : la cathédrale du Puy

1. — Accrochée aux flancs du principal rocher, la sombre
église-forteresse du Puy se dresse dans un enchevêtrement
de ruelles, de rampes, de couvents. Elle garde dans sa phy-
sionomie rude une sorte de fierté sauvage. Il semble que la
ville qui s'est groupée à la base du roc lui soit étrangère.
Tout, là-haut, respire le passé. Sur ce rocher bizarre un
temple païen a précédé l'église épiscopale, des cultes se sont
succédé, des pélerinages ont afflué ; et cette persistance
exprime l'impression que ces lieux ont faite sur l'imagina-
tion des hommes.

P. VIDAL DE LA BLACHE.
Op. cit. p. 289.

2 — Elle est d'un admirable style roman, de la même
couleur que le rocher, un peu égayée seulement par des
mosaïques blanches et bleues au fronton. Elle est placée de
manière à paraître colossale, car on y arrive par une montagne de degrés à donner le vertige. L'intérieur est sublime
de force élégante et d'obscurité religieuse. Jamais je n'ai
compris et pour ainsi dire senti la terreur du moyen-âge
comme sous ces piliers noirs et nus, sous ces coupoles char-
gées d'orage. Il faisait une tempête furieuse quand j'y suis
entrée. Les éclairs traversaient de lueurs infernales les
beaux vitraux qui sèment des pierreries sur les murs et sur
les pavés. La foudre avait des roulements qui semblaient
partir du sanctuaire même. C'était Jéhovah dans toute sa
colère...

GEORGES SAND.
Le Marquis de Villemer
Edition du Centenaire. Calmann-Lévy, Paris, p. 312.

Une Eglise Gothique à la Chaise-Dieu

De l'église primitive fondée au onzième siècle par Saint
Robert, point de vestiges. Elle a été rasée. Sur un emplace-
ment voisin, une autre fut bâtie de 1344 à 1350, grâce aux
libéralités du Pape Clément VI, ancien moine de l'abbaye :
c'est elle qui est encore debout aujourd'hui. (Les trois der-

nières travées de la nef ont été élevées quelques années plus
tard, sous le Pontificat de Grégoire XI).

C'est une église gothique, sans aucune ressemblance avec
les églises gothiques du nord de la France... On est tout de
suite frappé d'une singulière affinité entre la Chaise-Dieu et
certains édifices avignonnais ; il est impossible de ne point
penser à l'architecture du château des Papes devant celle de
la *Tour Clémentine*. C'est, en effet, Clément VI, pape
d'Avignon qui a fait bâtir la Chaise-Dieu, et Hugues Morel,
l'architecte qu'il en chargea, avait dû exercer déjà son art
dans la cité pontificale. Lorsque l'église fut achevée, Clément VI lui envoya six tableaux exécutés par ce Matteo di
Giovanetto de Viterbe qui a peint les fresques du Palais
d'Avignon ; puis le même artiste décora de peintures les
murailles de l'abbatiale : aujourd'hui, tableaux et peintures
murales ont disparu.

A. HALLAYS.

A travers la France. Perrin, Paris, 1903,
2e édition, pp. 162 et 170.

Les tapisseries de l'Eglise de la Chaise-Dieu

Sur la paroi nord de la clôture du chœur s'étend une
fresque malheureusement fort endommagée, et qui représente une de ces compositions si communes autrefois, si
rares aujourd'hui ; c'est une Danse des Morts. Les différents
sujets sont peints en partie sur le mur de clôture, en partie
sur les piliers mêmes. Le mur en maçonnerie est revêtu d'un
enduit très poli dans lequel on distingue quantité de pail-
lettes de mica ; il n'y en a point sur les piliers et les couleurs ont été appliquées sur la pierre même. C'est à tort que
j'ai parlé de fresques ; car sur les piliers il n'y a jamais eu
que de la détrempe, et partout on ne voit d'autre couleur
qu'un fond rouge uniforme, puis, çà et là, du noir et du
jaune... Toutes les figures se détachent... sur ce fond rouge,
cernées par un trait noir tracé au pinceau...

Suivant une pratique constante, la danse commence par
une prédication, puis vient une longue procession composée
de différents groupes, chacun représentant une classe de la
société, chacun entraîné par un fantôme décharné qui
semble insulter à ses victimes. Le dessin, fort incorrect, et
les costumes des personnages indiquent la même date que

toutes les danses des morts que j'ai vues, c'est-à-dire la fin
du XVᵉ siècle. Sans doute la grande peste noire de 1460
introduisit à la fois dans toute l'Europe le goût de ces
lugubres compositions qui d'ailleurs devaient merveilleuse-
ment servir l'éloquence des prédicateurs.

P. MÉRIMÉE.

Notes d'un voyage en Auvergne. Extrait d'un rapport
au ministre de l'intérieur.
Paris, H. Fournier 1838, pp. 271-272

La Danse Macabre de l'Eglise de la Chaise-Dieu

L'église de la Chaise-Dieu a conservé une collection de
tapisseries fort curieuses, quelques-unes tissues de fils d'or,
qui lui ont été données par son dernier abbé régulier, Jacques
de Senneterre. Les costumes et, je n'hésite pas à le dire, un
mérite quelquefois très réel de composition, donnent un
grand intérêt à ces vieilles tentures... Les personnes qui se
plaisent à rechercher les menus détails de la vie commune
chez nos aïeux y trouveront ample matière à leurs observa-
tions. Ils jugeront, par exemple, des manières de la bonne
compagnie au commencement du XVIᵉ siècle en voyant,
dans la Cène, un apôtre se curant les dents avec son couteau
tandis qu'un autre essuie le sien à la nappe. Voilà, je l'espère,
de la naïveté et de la couleur locale.

P. MÉRIMÉE.

Op. cit., p. 273.

Un Chêteau féodal : Polignac

1. « Me voilà depuis cinq jours dans une des plus impo-
santes ruines de la féodalité, au faîte d'un de ces gros blocs
de lave noire dont je t'ai parlé à propos du Puy et d'Espaly...
J'avais le désir de voir de près ce manoir de Polignac qui
se présente de loin comme une ville de géants sur une roche d'enfer. C'est la plus forte citadelle du moyen âge dans
le pays ; c'était le nid de cette terrible race de vautours sous

— 48 —

les ravages desquels tremblaient le Velay, le Forez et l'Au·
vergne....

Le rocher est taillé à pic de tous les côtés. Le village est
groupé au dessous, porté par la colline qui soutient le bloc
de lave.

GEORGE SAND.

Le Marquis de Villemer,
(édition du centenaire, Calmann-Lévy, Paris, p. 319 et 320).

2. Il me reste à dire quelques mots des ruines du moyen-
âge qu'on voit sur le sommet du rocher. Une muraille d'appareil irrégulier l'entoure entièrement et en suit toutes les
sinuosités ; en quelques points, où le roc en s'abaissant
forme des espèces de gradins, cette enceinte est double et
même triple. De distance en distance des tours rondes s'en
détachent, surtout dans les parties d'une certaine longueur
et en droite ligne. On voit dans les tours et les courtines
quelques meurtrières, évidemment destinées à des arque-
busiers. En général il y en a quatre dans chaque tour ; quelquefois elles sont percées dans le manteau d'un machicoulis,
en sorte qu'on pouvait par là tirer de loin obliquement, et
par l'ouverture du machicoulis verticalement au pied même
du rempart. Du côté du nord, le seul accessible, une double
enceinte au travers de laquelle passe un chemin oblique, dé-
fendait la porte d'entrée, pourvue d'ailleurs de machicoulis
et d'un pont-levis. Des embrasures pour des petites pièces
d'artillerie, qu'on n'observe qu'en ce seul point, paraissent
ajoutées après coup, car cette partie des murailles est vrai-
semblablement la plus ancienne. J'ai remarqué avec sur-
prise que les plateformes qui longent les remparts et sont
supportées par des consoles, ont rarement plus de dix pouces de large, bien qu'elles soient souvent très élevées.

Le donjon, grande et haute tour carrée, couronnée de machicoulis, est moins ruiné que le reste, grâce sans doute à
la solidité de son appareil très épais et composé de gros
blocs parfaitement taillés. Il s'élève d'une base oblique
comme celle d'une pyramide. On monte dans la tour par un
escalier en hélice, mais la plateforme est abattue ainsi que
les quatre étages, dont le premier seulement paraît avoir
été voûté. Les fenêtres carrées, que je crois de construc-
tion primitive, me font croire que ce donjon ne remonte pas
plus loin que le commencement du xv⁰ siècle.

P. MÉRIMÉE.
Op. cit. pp. 258-259.

Un château de la Renaissance : la Rochelambert

Le château de la Roche est bizarrement incrusté dans l'excavation d'une muraille de basalte de cinq cents pieds d'élévation..... Ses clochetons élancés en dépassent la crête... Les habiles architectes de la Renaissance n'ont pas commis la faute de le cimenter à cette roche cristallisée en longs prismes que la gelée, l'orage ou les infiltrations menacent sans cesse. Un espace libre, de vingt pieds de large, est caché entre la roche et les derrières du castel...

Le petit manoir est, quant à l'extérieur, un vrai bijou d'architecture, assez large, mais si peu profond. que la distribution en est fort incommode Tout bâti en laves fauves du pays, il ne ressemble pas mal, vu de l'autre côté du ravin, à un ouvrage découpé en liège, surtout à cause de son peu d'épaisseur qui le rend invraisemblable. A droite et à gauche. le rocher revient le saisir de si près, qu'il n'y a, faute d'espace aplani, ni cour, ni jardins, ni dépendances adjacentes. Les écuries, les remises et la ferme sont une série de maisonnettes échelonnées sur les étages naturels du ravin, à quelque distance du manoir.

GEORGE SAND.

Jean de la Roche, Calmann-Lévy, Paris pp. 13 à 16.

Le retour au pays natal

Voir le pays !... Me voilà en route ! La locomotive est déjà à 150 lieues de Paris !...

La vue des villages qui fuient devant moi ressuscite tout mon passé d'enfant !

Maisonnettes ceinturées de lierre et coiffées de tuiles rouges ; basses cours où traînent des troncs d'arbres et des socs des charrues rouillés ; jardinets plantés de soleils à grosse panse d'or et à nombril noir ; seuils branlants, fenêtres éborgnées, chemins pleins de purin et de crevasses ; barrières contre lesquelles les bébés appuient leurs nez crottés et leurs fronts bombés, pour regarder le train ; cette

simplicité, cette grossièreté, ce silence, me rappellent la
campagne où je buvais la liberté et le vent, étant tout petit.

Dans les femmes courbées pour sarcler les champs, je
crois reconnaître mes tantes les paysannes : et je me lève
malgré moi quand j'aperçois le miroir d'un étang ou d'un
lac ; je me penche, comme si je devais retrouver dans cette
glace verte le Vingtras d'autrefois. Je regarde courir l'eau
des ruisseaux et je suis le vol noir des corbeaux dans le
bleu du ciel.

Dans ce champ d'espace, avec cette profondeur d'horizon
et ce lointain vague, l'idée de Paris s'évanouit et meurt.

Tout parle à ma mémoire : ce mur bâti de pierres posées
au hasard et qui laissent de grands trous de lumière comme
des meurtrières de barricades abandonnées : cette échelle de
vigne qui a fait pétiller dans ma cervelle, ainsi que la mousse
du vin nouveau, les réminiscences des vendanges — et ce
bois sombre qui me rappelle la forêt de sapins où il faisait
si triste et où j'aimais tant à m'enfoncer pour avoir peur !

A Saint-Etienne nous avons pris le train qui longe la
Loire.

J'ai toujours aimé les rivières !

De mes souvenirs de jadis, j'ai gardé par dessus tout le
souvenir de la Loire bleue ! Je regardais là-dedans se briser
le soleil ; l'écume qui bouillonnait autour des semblants
d'écueil avait des blancheurs de dentelle qui frissonne au
vent. Elle avait été mon luxe, cette rivière, et j'avais pêché
des coquillages dans le sable fin de ses rives, avec l'émotion
d'un chercheur d'or.

Elle roule mon cœur dans son flot clair.

Tout à coup les bords se débrident comme une plaie.

C'est qu'il a fallu déchirer et casser à coups de pioche et à
coups de mine les rochers qui barraient la route de la locomotive.

De chaque côté du fleuve, on dirait que l'on a livré des
batailles. La terre glaise est rouge, les plantes qui n'ont pas
été tuées sont tristes, la végétation semble avoir été fusillée
ou meurtrie par le canon.

Cette poésie sombre sait, elle aussi, me remuer et m'é-
mouvoir. Je me rappelle que toutes mes promenades d'enfant
par les champs et les bois aboutissaient à des spectacles de
cette couleur violente. Pour être complète et profonde, mon
émotion avait besoin de retrouver ces cicatrices de la
nature.

Ma vie a été labourée et mâchée par le malheur comme
cet ourlet de terre grillée et saignante.

Ah ! je sens que je suis bien un morceau de toi, un éclat de tes rochers, pays pauvre qui embaume les fleurs et la poudre, terre de vignes et de volcans !

Ces paysans, ces paysannes qui passent, ce sont mes frères en veste de laine, mes sœurs en tablier rouge... ils sont pétris de la même argile, ils ont dans le sang le même fer !

Deux mots de patois, qui ont tout d'un coup brisé le silence d'une petite gare perdue près d'un bois de sapin, ont failli me faire évanouir.

Nous approchons !

Je suis pâle comme un linge, je l'ai vu dans la vitre, j'avais l'air d'un mort.

Le Puy : Le Puy !...

JULES VALLÈS.

Jacques Vingtras. Le Bachelier, Fasquelle, Paris 1902, pp. 341-344.

Le visa de la Société des Etudes locales dans l'enseigne-ment public a été donné à cet opuscule par Monsieur

HENRI MATTE,

Inspecteur d'Académie de la Haute Loire.

ERRATA

P.	5	l.	8	au lieu de	frère	lire	frères
»	5	»	12	»	»	vellave	»	vellaves
»	5	n.	5	»	»	F. Fabre	»	C. Fabre
»	10	et	11	»	»	pélerin, pélerinage	»	pèlerin, pèlerinage
»	12	l.	5	»	»	provision	»	provisions
»	14	»	16	»	»	proches	»	proche
»	15	»	6	»	»	six vingt	»	six-vingts
»	18	»	17	»	»	1568	»	1568.
»	21,	»	18	»	»	eux mêmes	»	eux-mêmes
»	22	»	12	»	»	machicoulis	»	mâchicoulis.
»	23	»	31	»	»	lui	»	lui,
»	27	»	27	»	»	nivose	»	nivôse
»	29	»	13	»	»	lui même	»	lui-même
»	30	»	10	»	»	sur le champ	»	sur-le-champ
»	33	»	4	»	»	quatre vingt	»	quatre-vingts
»	34	»	19	»	»	cîme	»	cime
»	37	»	15	»	»	croitre	»	croître
»	38	»	15	»	»	la plus part	»	la plupart
»	45	»	8	»	»	pélerinages	»	pèlerinages
»	46	et	47	»	»	Les Tapisseries lire La Danse Macabre et vice-versa
»	48			»	»	machicoulis	lire	mâchicoulis
»	48	l.	26	»	»	plateformes	»	plates-formes
»	51	»	2	»	»	embaume	»	embaumes
»	51	»	9	»	»	sapin	»	sapins

N. B. — En principe l'orthographe des textes cités a été conservée (p. 13, versele — p. 10, possolane — p. 11, clair-semés, etc.)

TABLE DES MATIÈRES

I. — L'HISTOIRE

II. — LE PAYS